愉快學寫字 12

寫字和識字：部首、偏旁

新雅文化事業有限公司
www.sunya.com.hk

有了《愉快學寫字》，幼兒從此愛寫字
——給家長和教師的使用指引

《愉快學寫字》叢書是專為**訓練幼兒的書寫能力、培養其良好的語文基礎**而編寫的語文學習教材套，由幼兒語文教育專家精心設計，參考香港及內地學前語文教育指引而編寫。

叢書共 12 冊，內容由淺入深，分三階段進行：

	書名及學習內容	適用年齡	學習目標
第一階段	《愉快學寫字》1-4 （寫前練習 4 冊）	3 歲至 4 歲	- 訓練手眼協調及小肌肉。 - 筆畫線條的基礎訓練。
第二階段	《愉快學寫字》5-8 （筆畫練習 2 冊） （寫字練習 2 冊）	4 歲至 5 歲	- 學習漢字的基本筆畫。 - 掌握漢字的筆順和結構。
第三階段	《愉快學寫字》9-12 **（寫字和識字 4 冊）**	5 歲至 7 歲	- 認識部首和偏旁，幫助查字典。 - 寫字和識字結合，鞏固語文基礎。

幼兒通過這 12 冊的系統訓練，已**學會漢字的基本筆畫、筆順、偏旁、部首、結構和漢字的演變規律，為快速識字、寫字、默寫、學查字典打下良好的語文基礎。**

叢書的內容編排既全面系統，又循序漸進，所設置的練習模式富有童趣，能令幼兒「愉快學寫字，從此愛寫字」。

第 9 至 12 冊「寫字和識字」內容簡介：

這 4 冊包括以下內容：

1. **部首和偏旁：**每冊有 20 個，由淺入深地編排。小朋友完成這 4 冊的練習，就學會了 80 個部首和偏旁，基本上掌握了漢字的結構和規律。
2. **範字：**參考香港教育局《香港小學學習字詞表》選編。
3. **有趣的漢字：**讓孩子在認識漢字演變的過程中，加深對這個漢字的理解，並起到舉一反三的作用，快速認識同類字詞。
4. **趣味練習：**加深孩子對這個部首和偏旁的理解及記憶。
5. **造句練習：**讓孩子掌握文字的運用。
6. **部首複習：**利用多種有趣的語文遊戲方式，鞏固孩子所學內容。

孩子書寫時要注意的事項：

1. 把筆放在孩子容易拿取的容器，桌面要有充足的書寫空間及擺放書寫工具的地方，保持桌面整潔，培養良好的書寫習慣。
2. 光線要充足，並留意光線的方向會否在紙上造成陰影。例如：若小朋友用右手執筆，枱燈便應該放在桌子的左邊。
3. 坐姿要正確，眼睛與桌面要保持適當的距離，以免造成駝背或近視。
4. 3-4 歲的孩子小肌肉未完全發展，**可使用粗蠟筆、筆桿較粗的鉛筆，或三角鉛筆**。
5. 不必急着要孩子「畫得好」、「寫得對」，重要的是讓孩子畫得開心和享受寫字活動的樂趣。

正確執筆的示範圖：

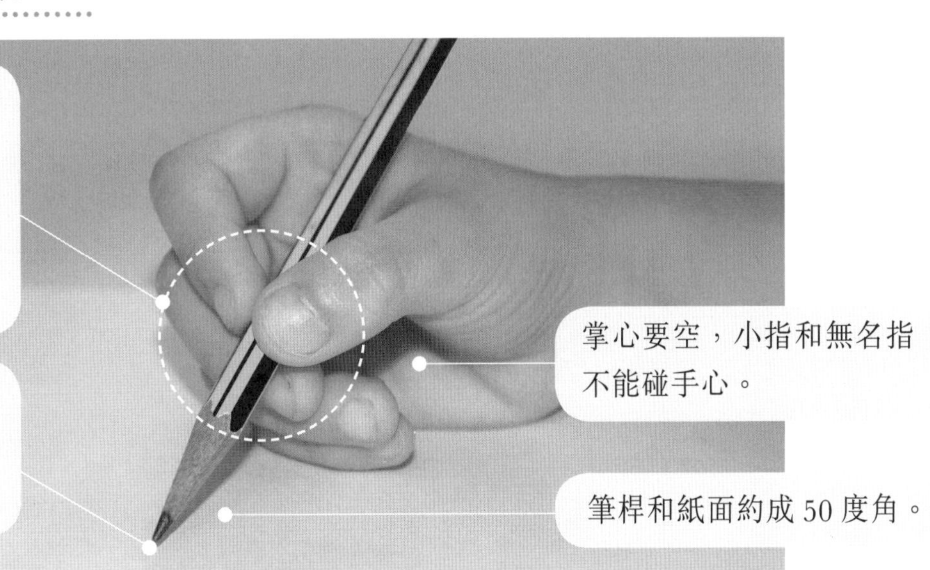

用拇指和食指執住筆桿前端，同時用中指托住筆桿，無名指和小指自然地彎曲靠在中指下方。
執筆的拇指和食指的指尖離筆尖約 3 厘米左右。
掌心要空，小指和無名指不能碰手心。
筆桿和紙面約成 50 度角。

正確寫字姿勢的示範圖：

眼睛與紙相距大約 30 厘米，胸部不要緊貼桌邊。
兩臂自然地張開，伸開左手的五隻手指按住紙，右手書寫。如果是用左手寫字的，則左右手功能相反。
寫字時，身體要坐正，兩肩齊平，兩腿自然地平放地面上。頭和上身稍向前傾，腰要伸直，胸部挺起。

目錄

常用字與部首

部首	常用字
皿	盆 益 盛 盒 盜 盡 盤
羽	羽 翅 翁 習 翼 耀
卩（㔾）	印 危 即 卵 卷 卻
夕	夕 外 多 夜 夠 夢
邑（阝）	那 邨 郊 郎 部 都 郵 鄉 鄰
山	山 岸 岡 峽 峯 島 巒
户（戶）	户 房 所 扁 扇
斤	斤 斧 斯 新 斷
車	車 軍 軌 軟 較 載 輔 輕 輛 輩 輪 輸 轉
爪（爫）	爪 爬 爭
欠	欠 次 欣 欲 款 欺 歡 歌 歐 歡
止	止 正 此 步 武 歲 歸
牛（牜）	牛 牠 牧 物 特 牽
矢	知 矩 短 矮
羊（⺶）	羊 美 羔 羞 善 羣 義 羹
臼（𦥑）	舅 與 興 舉 舊
舟	舟 航 般 船 艇 艘 艦
行	行 術 街 衝 衛
見	見 規 親 覺 覽 觀
馬	馬 馳 馴 駝 駕 駛 駱 騎 騙 騮 騾 驕 驚 驗 驢

注：本表的常用字是參考香港教育局《香港小學學習字詞表》第一學習階段的字詞而列舉。

部首：皿

有趣的漢字：皿

把相配的圖和字用線連起來。

1. 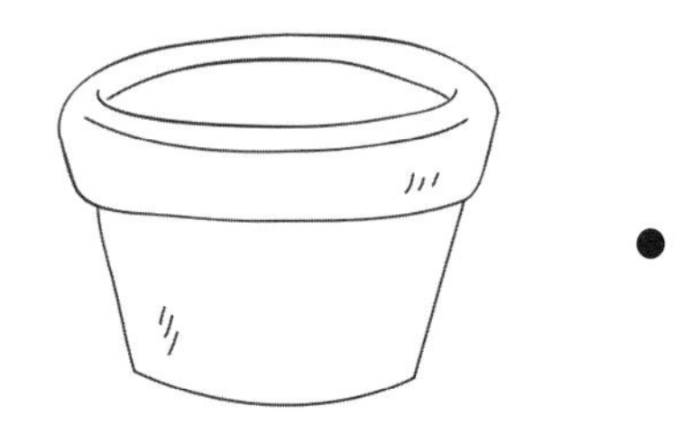 •   • a. 鞋盒

2. 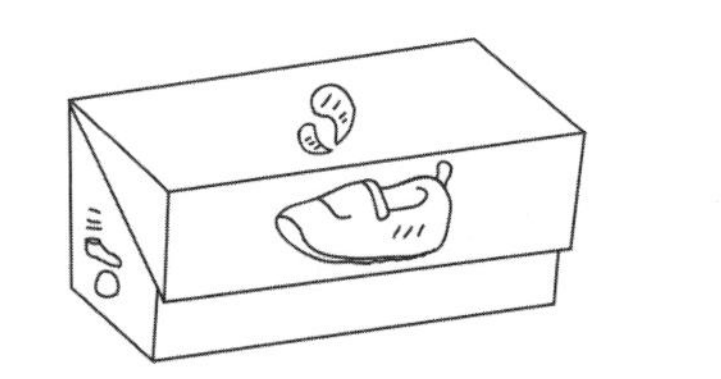 •   • b. 果盤

3.  •   • c. 花盆

答案：1.c；2.a；3.b

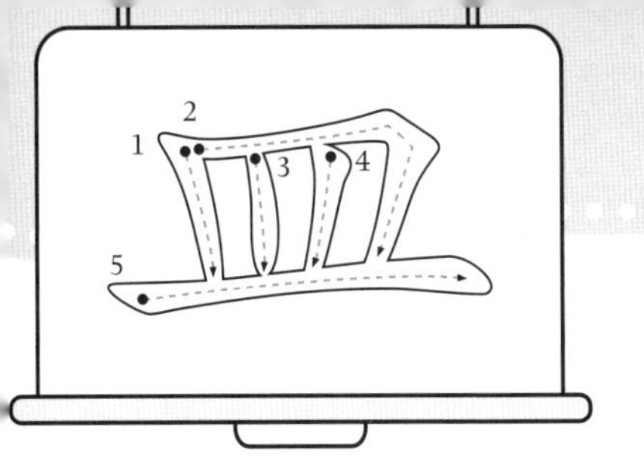

皿字部

筆順：丿 八 分 分 分 岔 岔 岔 盆　　九畫

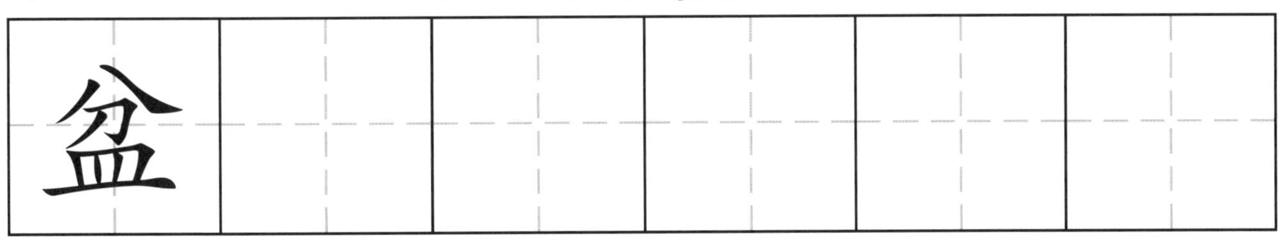

造句練習：

自然角裏有小 ____ 栽。

筆順：丶 丷 丷 䒑 兯 兯 兯 兯 兯 益　　十畫

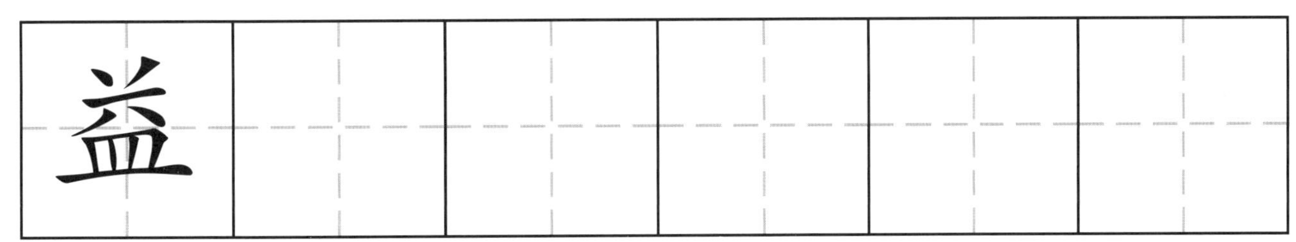

造句練習：

我們要選擇 ____ 智的讀物。

筆順：丿 人 亼 今 今 合 合 合 合 合 盒　　十一畫

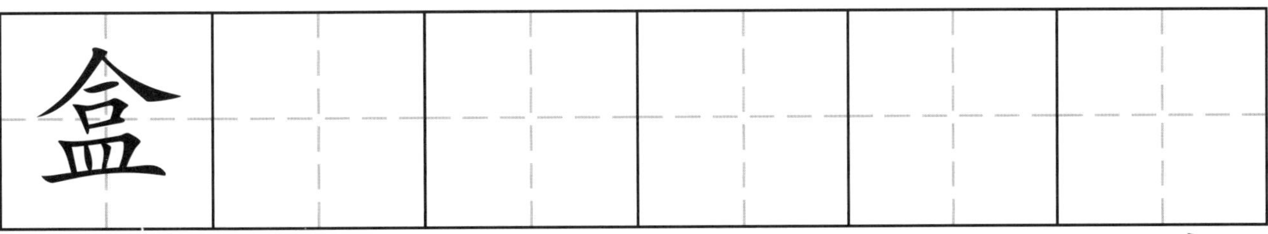

造句練習：

這是我的文具 ____ 。

有趣的漢字：**羽**

在適當的位置填上部首**羽**。

1. 小鳥張開 ___支___ 膀。

2. 鳥在天空飛 ___羊___ 。

答案：1. 翅；2. 翔

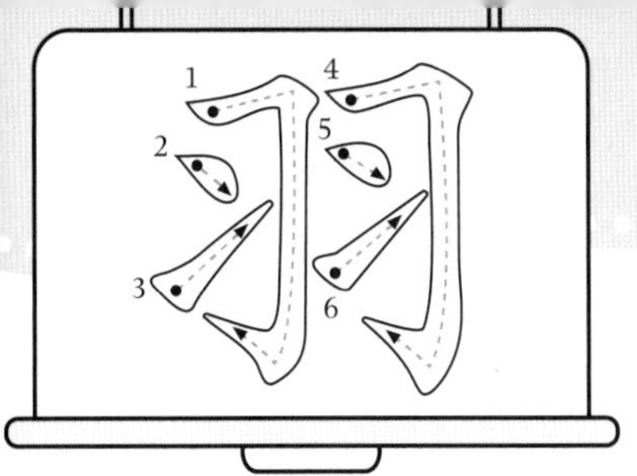

羽字部

筆順：　　　　　　六畫

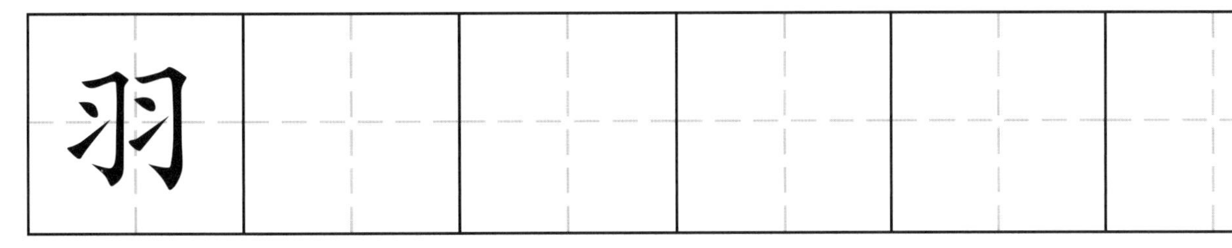

造句練習：

這是一把 _____ 毛扇。

筆順：　　　　　　十畫

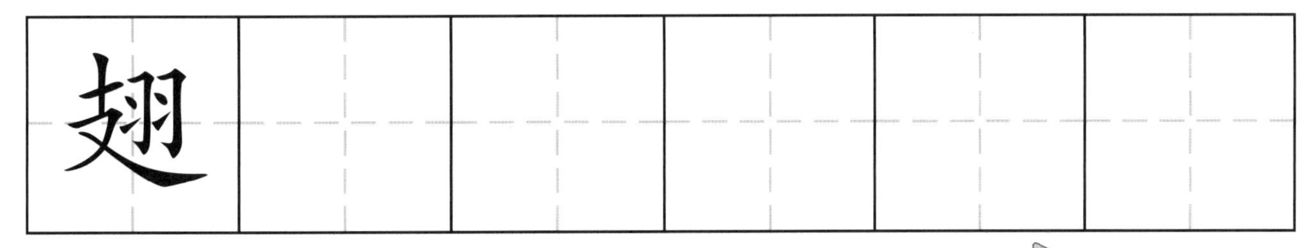

造句練習：

麻鷹有一對大 _____ 膀。

筆順：　　　　　　十一畫

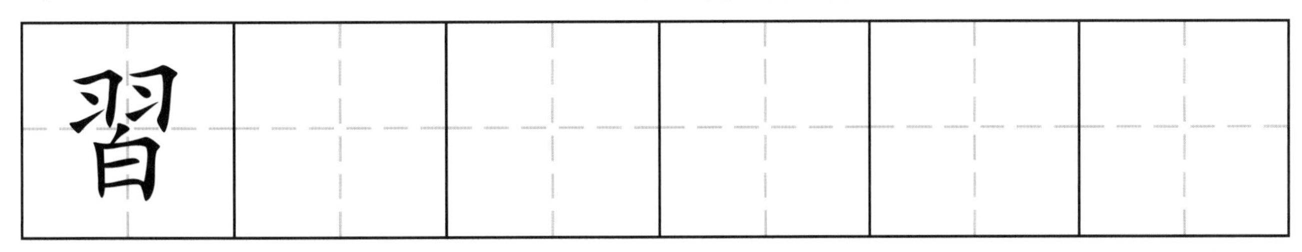

造句練習：

姊姊在房間裏温 _____ 功課。

部首： 卩（㔾） 粵音：節

有趣的漢字： 卩

「卩」字的另一寫法是「㔾」。

把部首是 卩 的字圈出來。

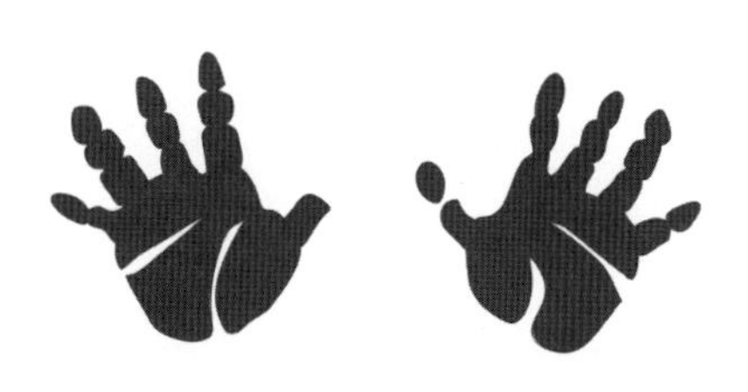

手印　　危險

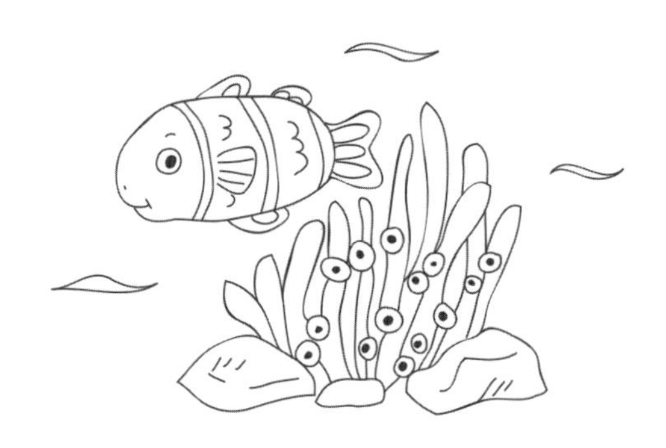

魚卵　　試卷

答案：印、危、卵、卷

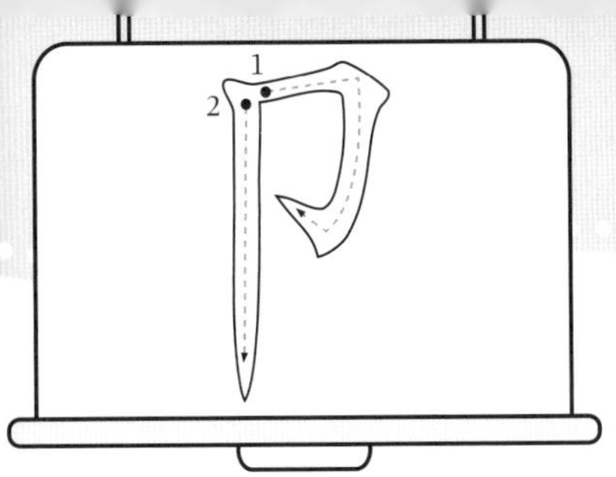

筆順：六畫

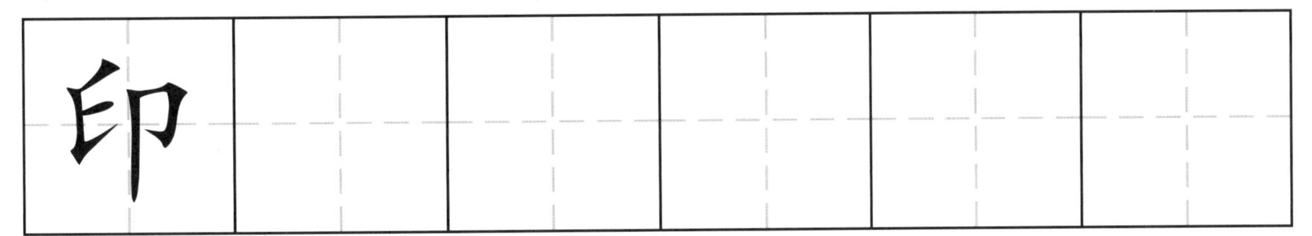

造句練習：

我的朋友阿里是 ____ 度人。

筆順：六畫

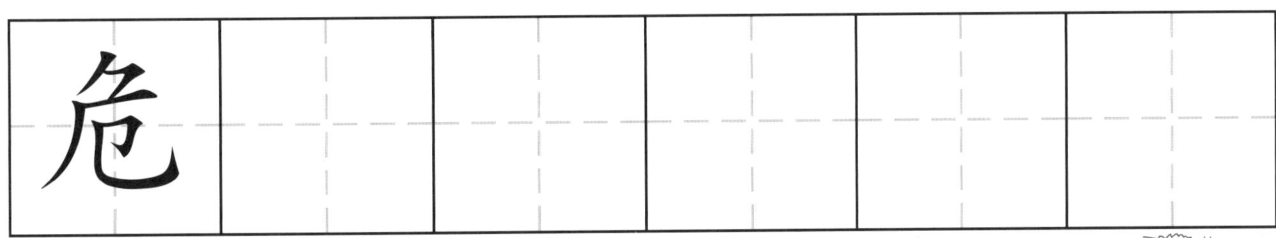

造句練習：

高空工作十分 ____ 險，一定要做足安全措施。

筆順：七畫

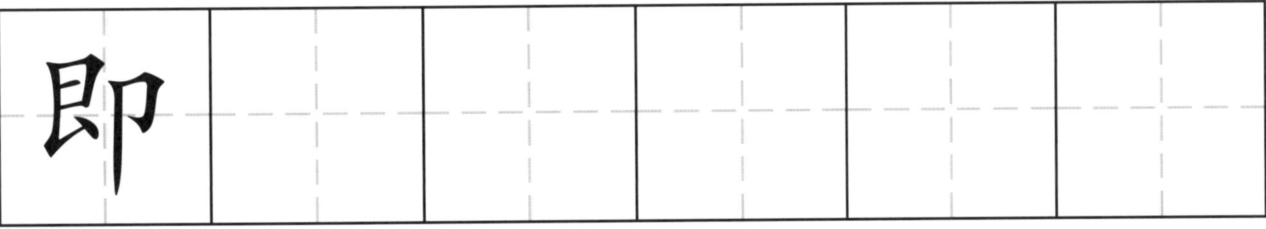

造句練習：

火警發生了，消防員立 ____ 趕到現場。

有趣的漢字：夕

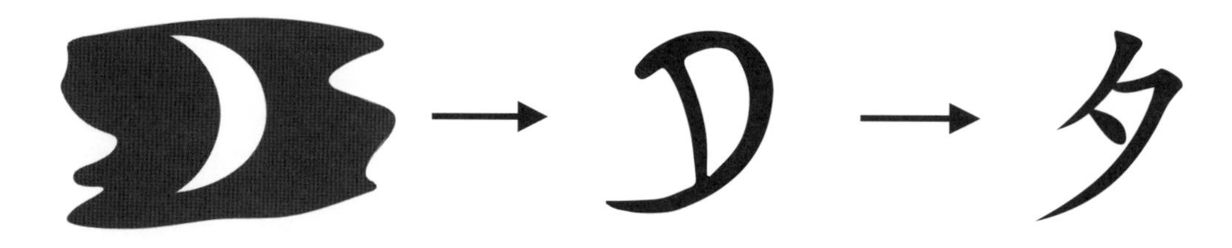

分辨部首——把下列各字連線至所屬的部首。

1. 外
2. 望
3. 多
4. 期

夕

月

5. 夜
6. 朗
7. 夢
8. 朋

答案：夕：1、3、5、7；月：2、4、6、8

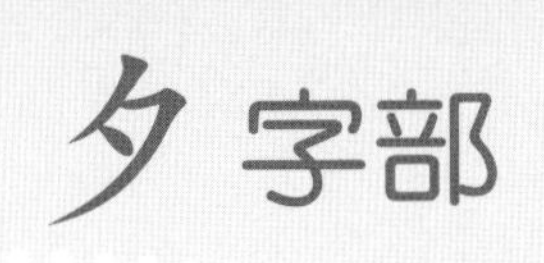

筆順：丿 ク 夕 夘 外　　　　五畫

造句練習：

星期天，我和爸媽到郊 ____ 旅行。

筆順：丿 ク 夕 夕 多 多　　　　六畫

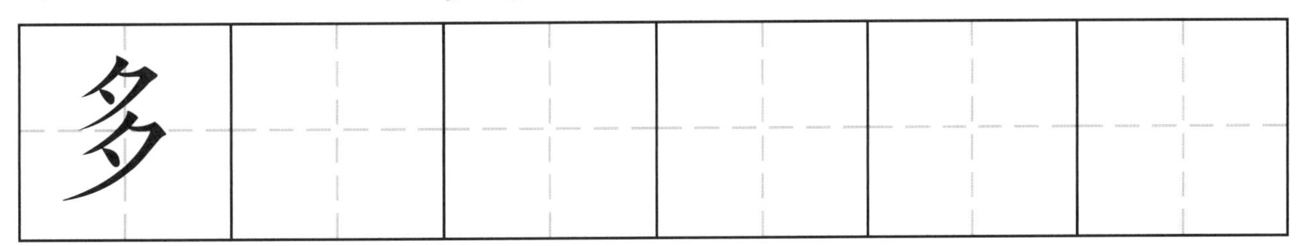

造句練習：

哥哥的彈珠比我 ____ 。

筆順：丶 亠 广 亣 疒 夜 夜 夜　　　　八畫

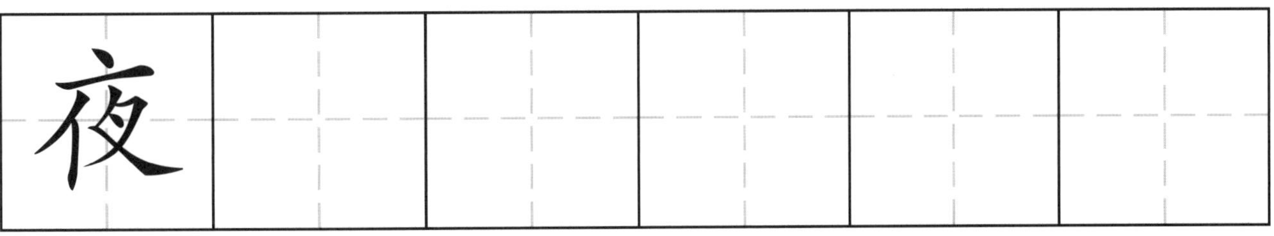

造句練習：

貓頭鷹在 ____ 間出來覓食。

部首：邑（阝） 粵音：泣

有趣的漢字：邑

「邑」字作右偏旁時，一般寫成「阝」。

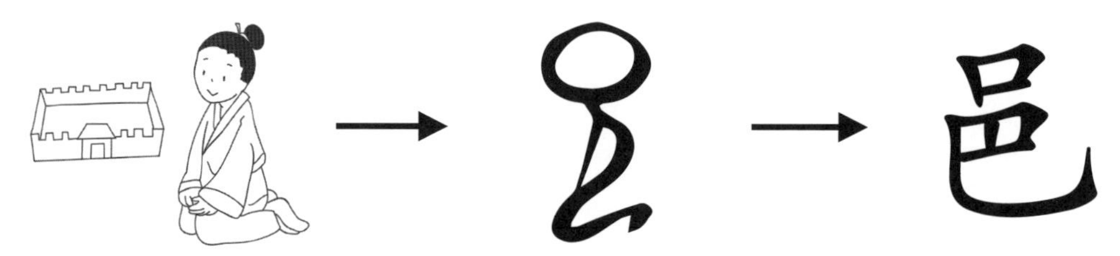

注：「邑」字部的字多與地市、地名、姓氏等有關。

把部首是邑的姓氏填上顏色。

答案：鄭、郭、鄧

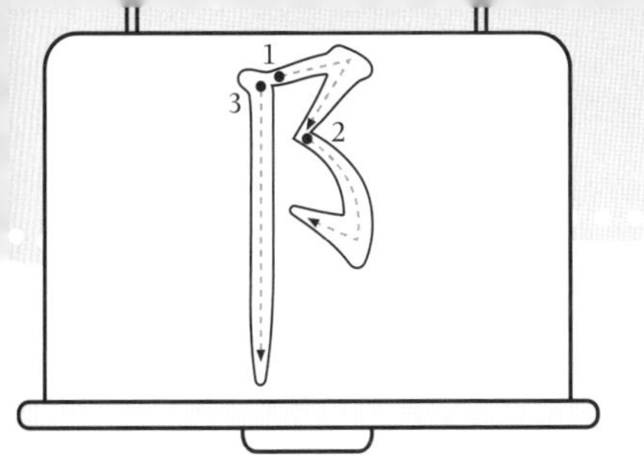

右耳旁

筆順：　　　　　　　　　　　　　　　　九畫

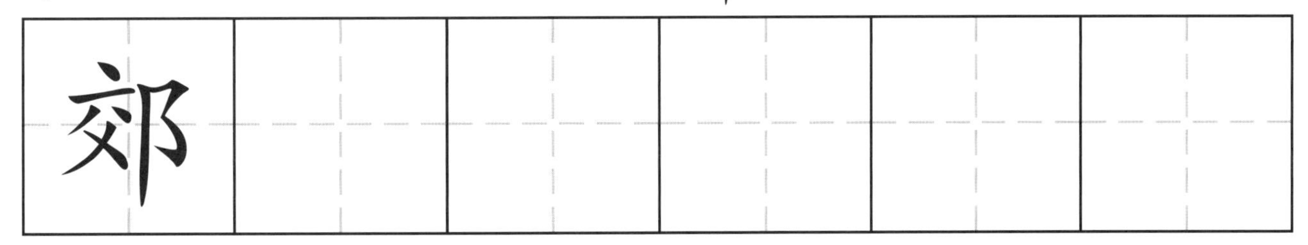

造句練習：

我們到 ＿＿＿ 外野餐。

筆順：　　　　　　　　　　　　　　　　十一畫

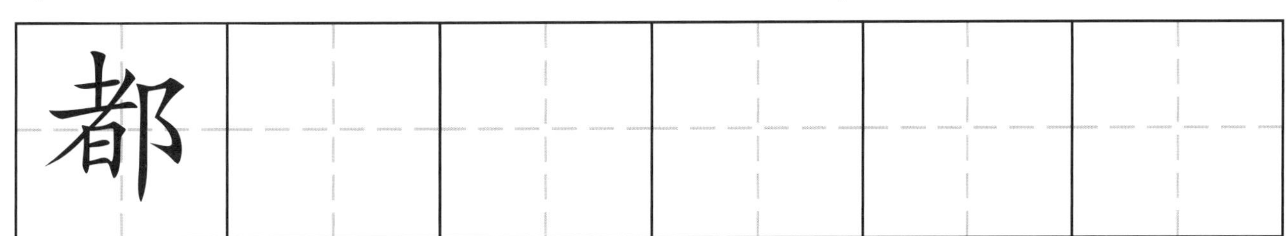

造句練習：

中國的首 ＿＿＿ 是北京。

筆順：　　　　　　　　　　　　　　　　十二畫

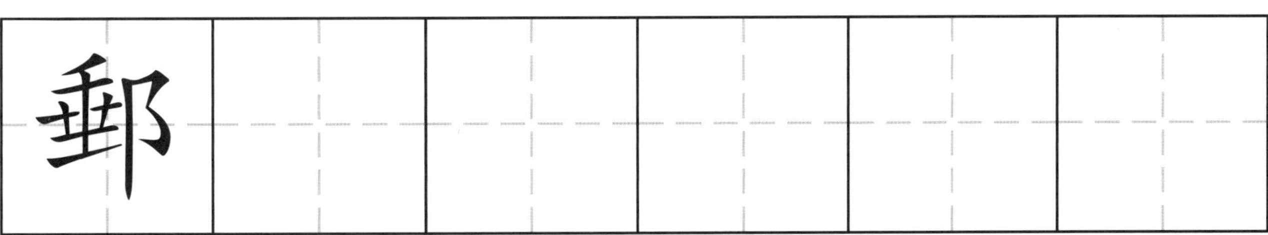

造句練習：

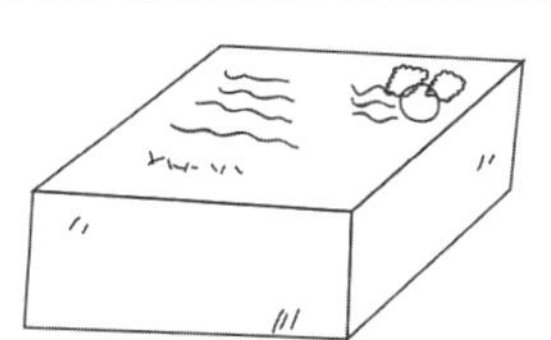

這個 ＿＿＿ 包是寄給爸爸的。

有趣的漢字：山

在適當的位置填上部首山。

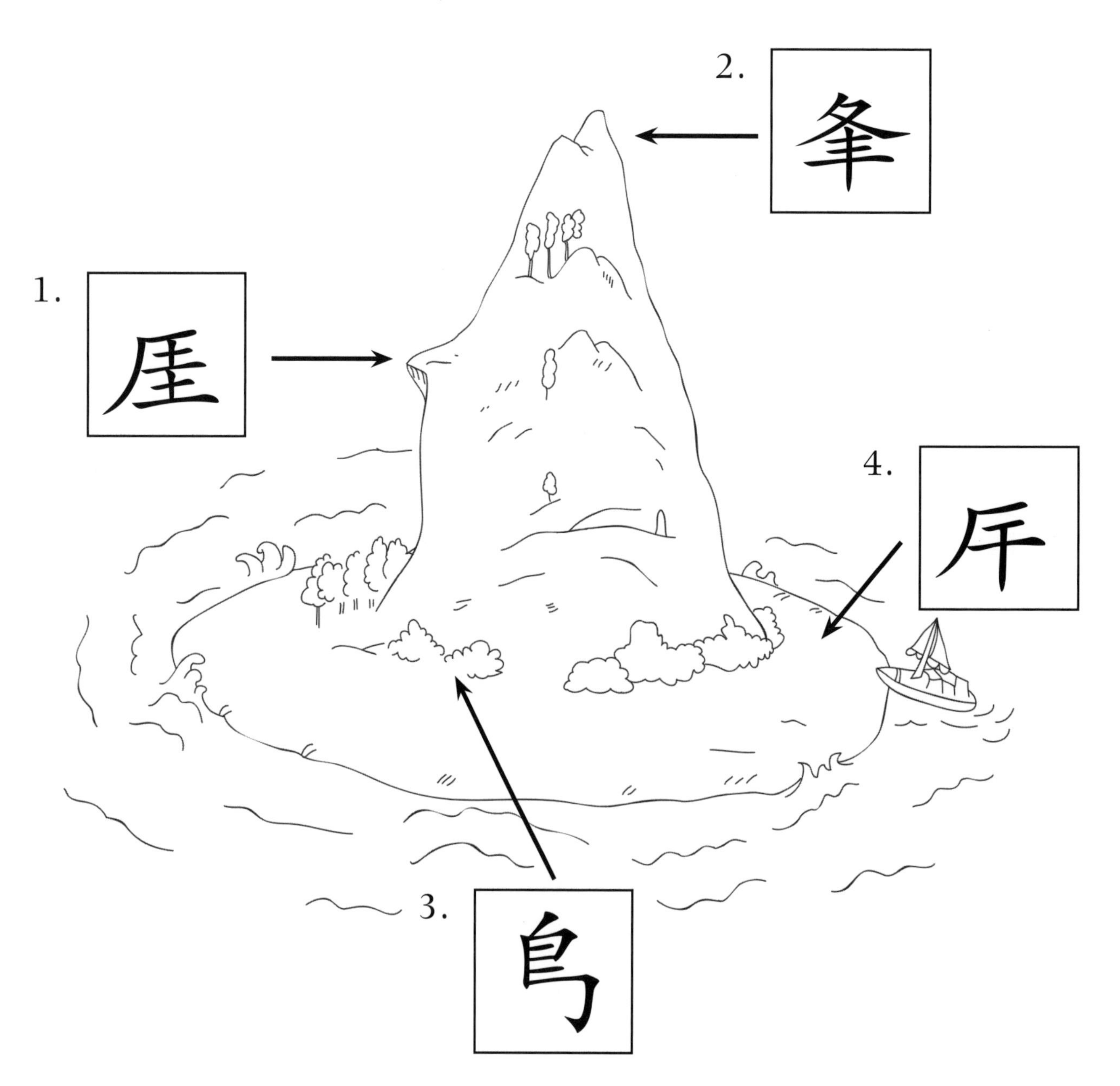

答案：1. 崖；2. 峯；3. 島；4. 岸

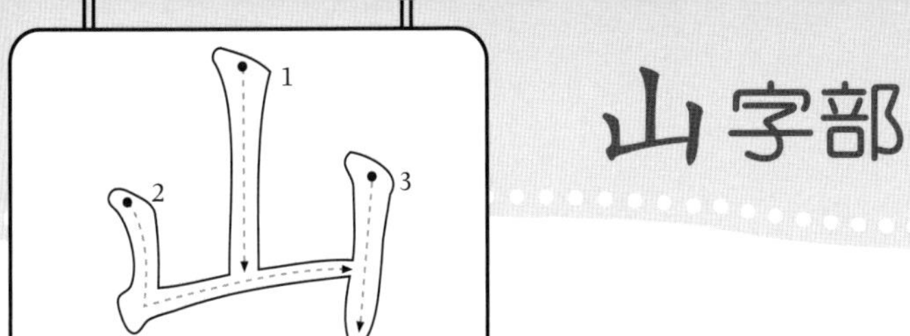

山字部

筆順：岸　八畫

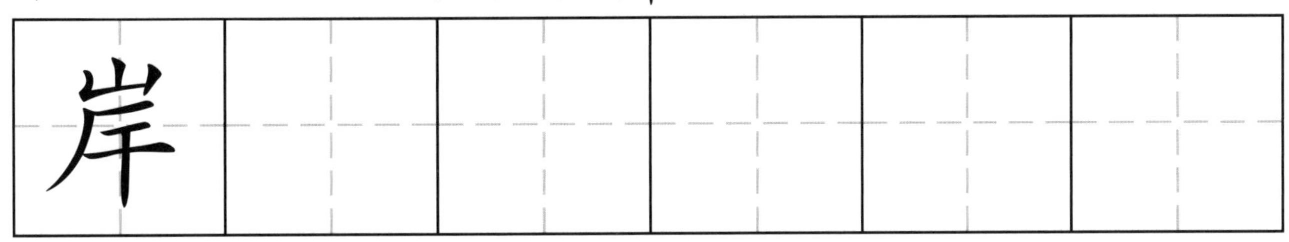

造句練習：

輪船快將靠 ＿＿＿ 。

筆順：峯　十畫

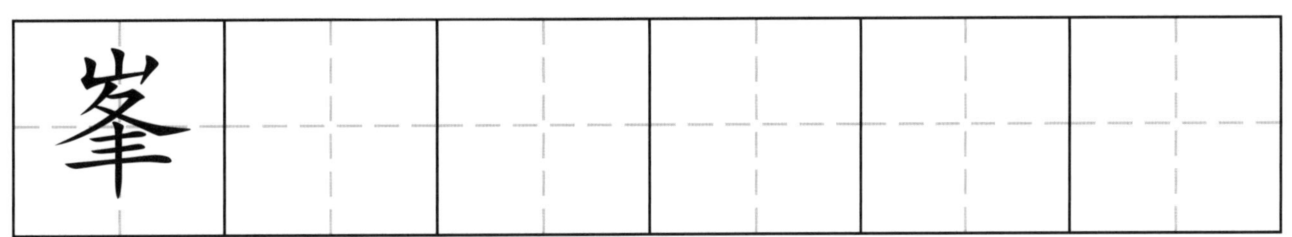

造句練習：

這座山 ＿＿＿ 很高。

筆順：島　十畫

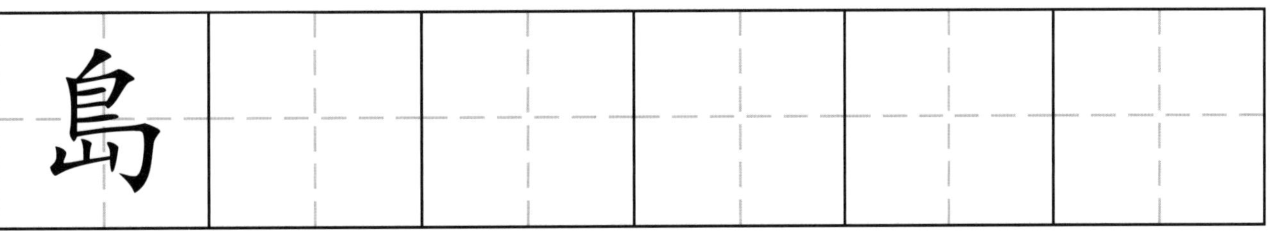

造句練習：

長洲是香港其中一個離＿＿＿ 。

部首：户（戶）

有趣的漢字：户

「户」字作偏旁時，一般寫成「戶」。

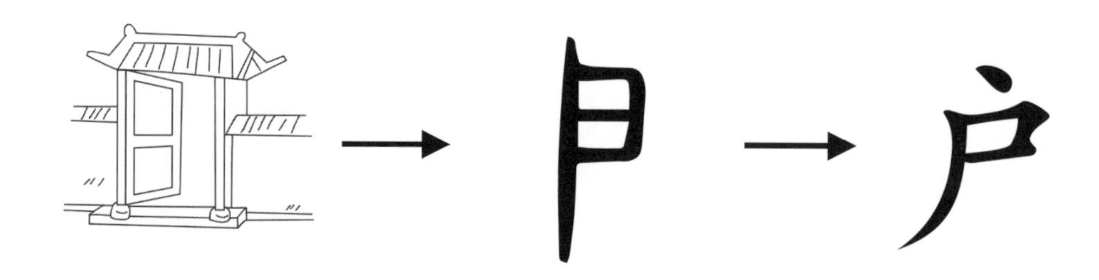

文字變法——在空格裏填上正確的字。

1. 户 ＋ 方 ＝ □

2. 户 ＋ 斤 ＝ □

3. 户 ＋ 羽 ＝ □

答案：1. 房；2. 所；3. 扇

户字部

筆順：丶 ㇇ ⺕ 户 户 戶 房 房　　八畫

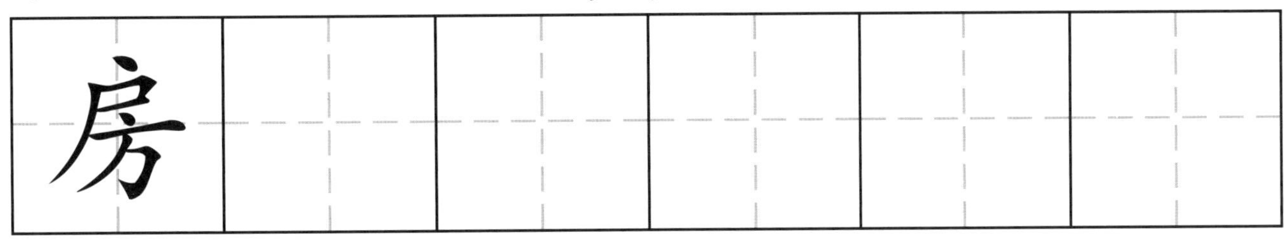

造句練習：

媽媽在廚 ____ 裏做晚飯。

筆順：丿 厂 斤 斤 斤 所 所 所　　八畫

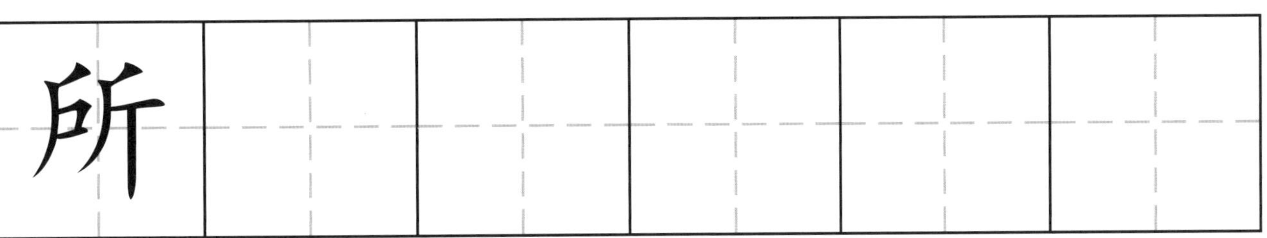

造句練習：

姊姊在醫務 ____ 工作。

筆順：丶 ㇇ ⺕ 户 户 戶 扇 扇 扇 扇　　十畫

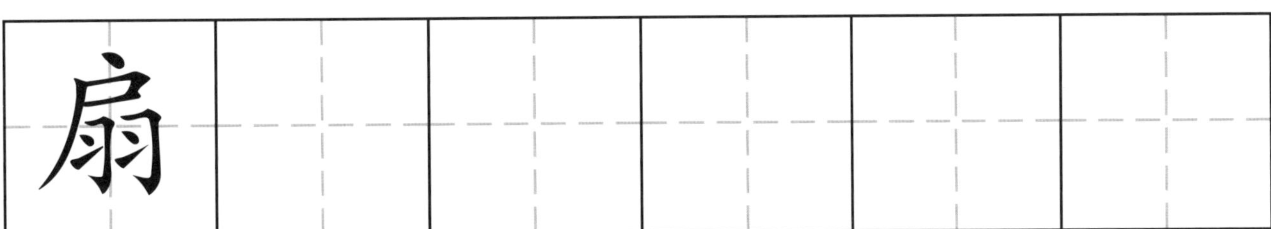

造句練習：

這把 ____ 子很漂亮。

有趣的漢字：斤

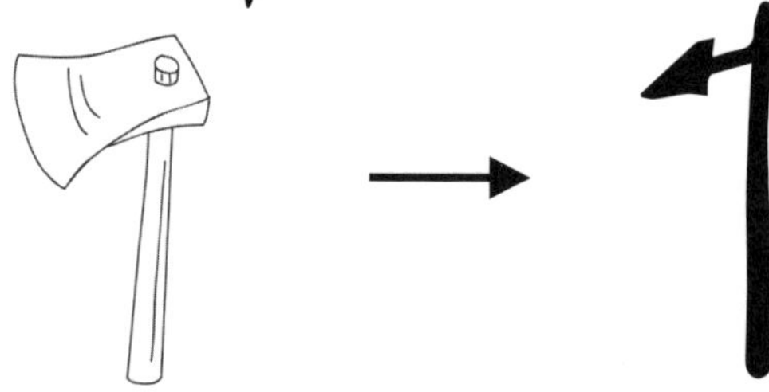

→ 斤

在空格內填上正確的字。

1.

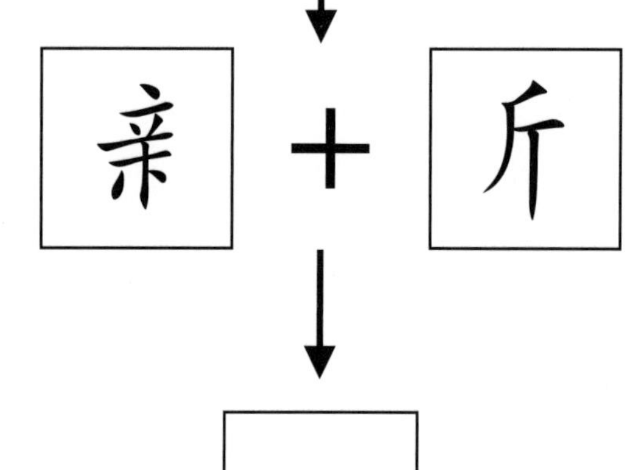

（樹的表皮被削，露出新的皮層。）

2.

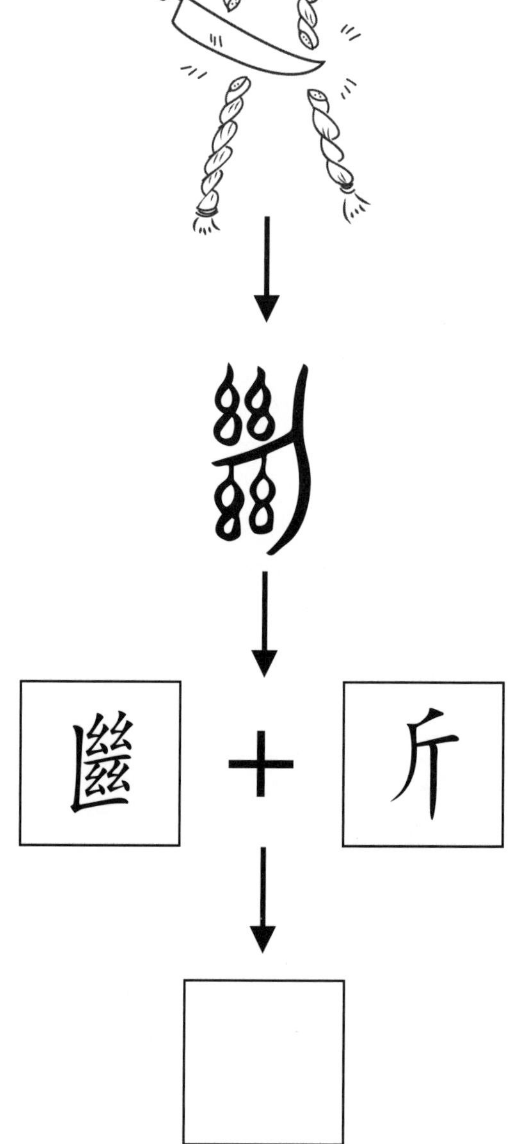

答案：1. 新；2. 斷

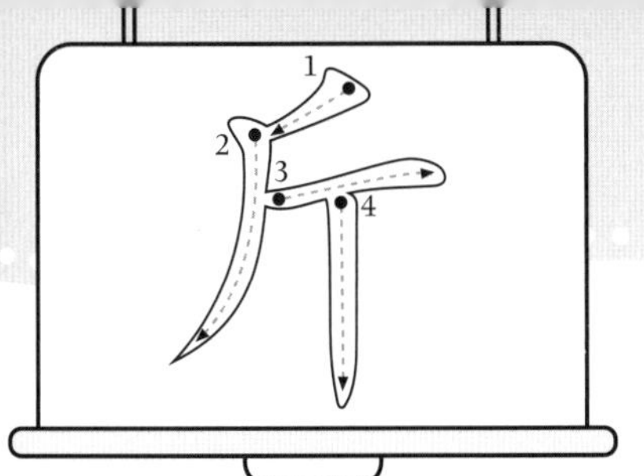

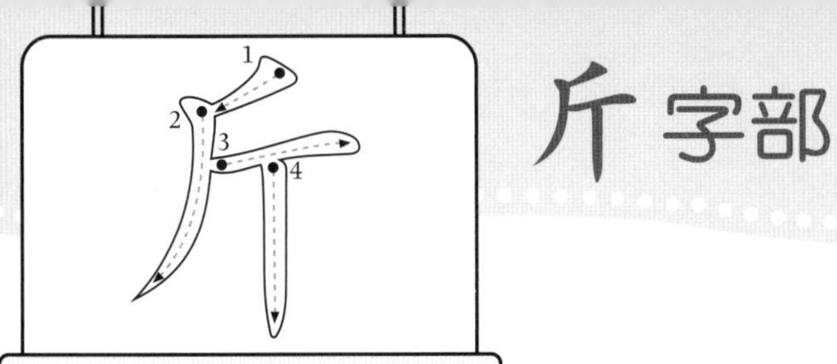

斤字部

筆順：丿 厂 斤 斤　　四畫

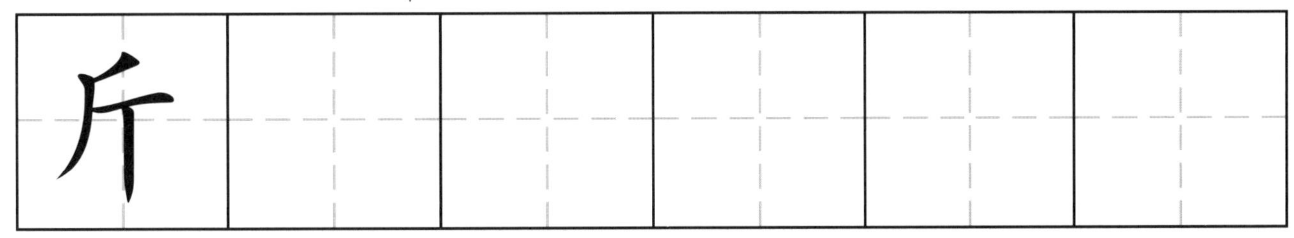

造句練習：

你的重量是多少公 _____ ？

筆順：　　八畫

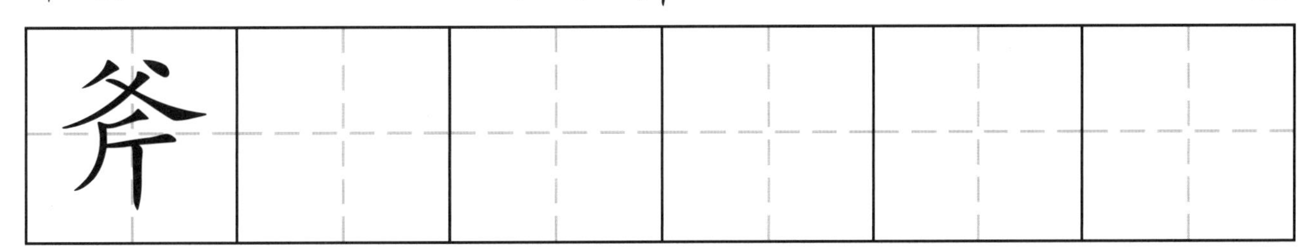

造句練習：

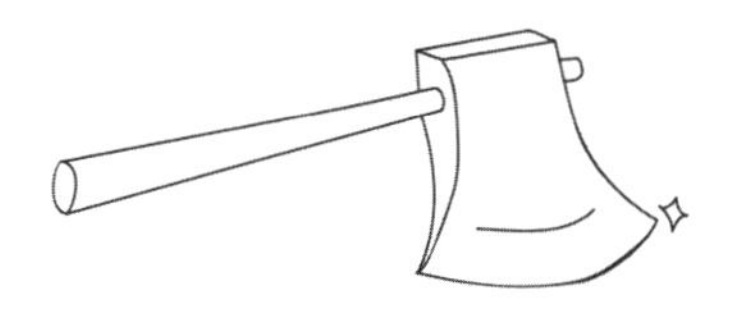

這是一把 _____ 頭。

筆順：　　十三畫

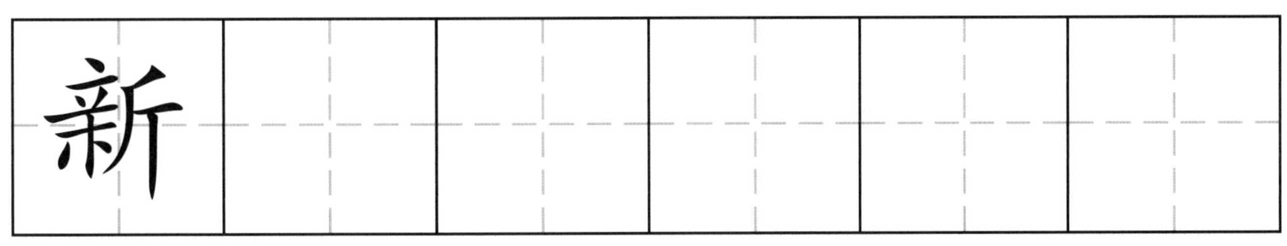

造句練習：

媽媽給我買 _____ 衣。

有趣的漢字：車

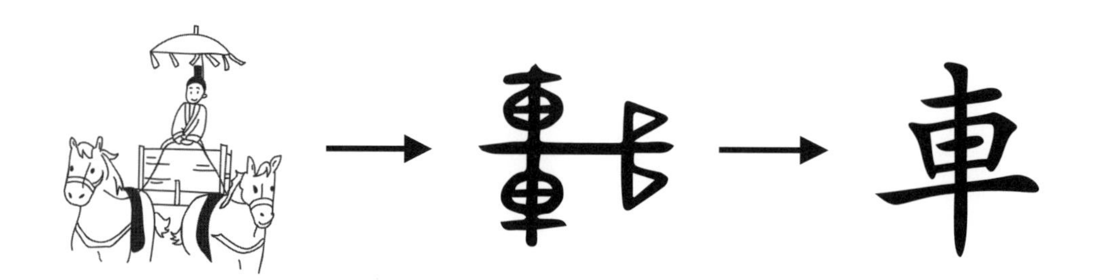

在適當的位置填上部首車。

1. 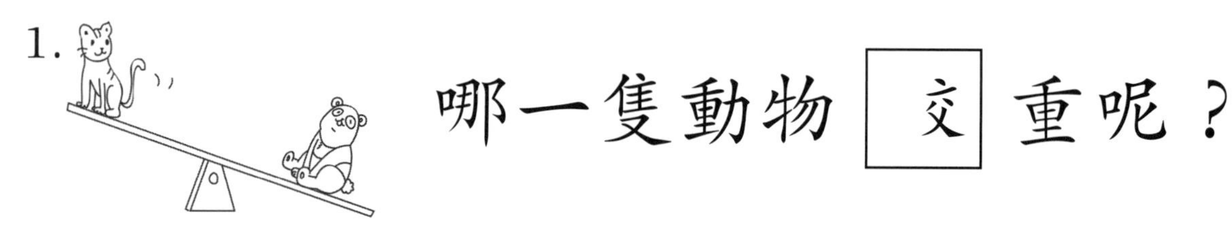

哪一隻動物 [交] 重呢？

2. 

爸爸買了一 [兩] 汽車。

3. 車子的 [侖] 胎破了。

4. 爸爸和我坐旋 [專] 木馬。

答案：1.較；2.輛；3.輪；4.轉

車字旁

筆順：一 丆 冂 冃 百 亘 車　　　　七畫

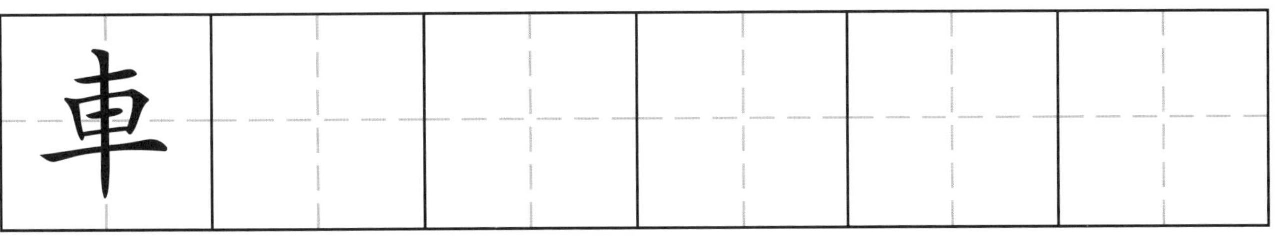

造句練習：

馬路上有許多不同的汽 _____ 。

筆順：車 車 軒 軒 輕 輕 輕　　　　十四畫

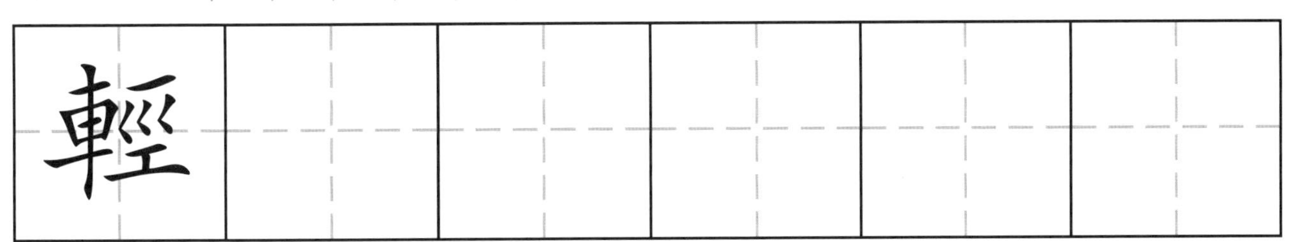

造句練習：

我的書包很 _____ ，哥哥的書包很重。

筆順：車 軋 軡 軡 輪 輪 輪 輪　　　　十五畫

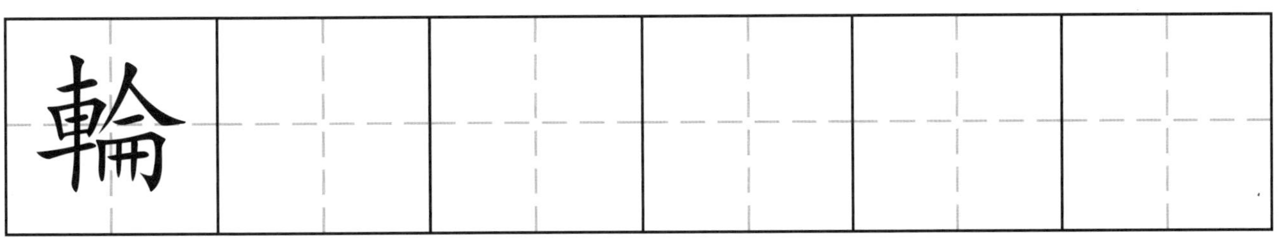

造句練習：

這是一艘 _____ 船。

部首：爪（爫）

有趣的漢字：爪

「爪」字作頂部時，一般寫成「爫」。

猜一猜，這是什麼動物的爪？把相配的圖連起來。

1. ● 2. ● 3. ● 4. ●

a. ● b. ● c. ● d. ●

答案：1.b；2.a；3.c；4.d

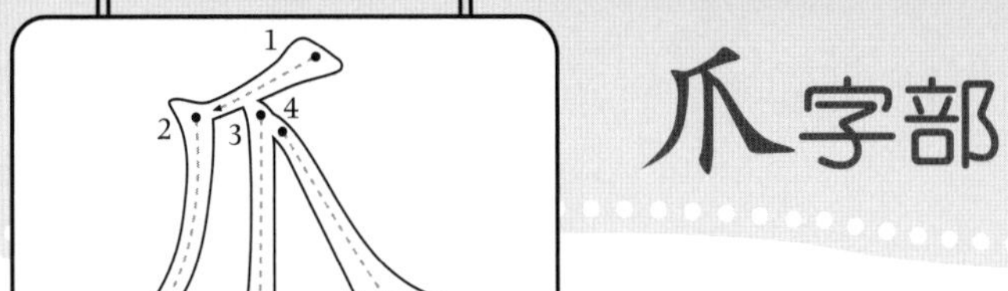

爪字部

筆順：﹀ ⺁ ⺁ 爪　　　　四畫

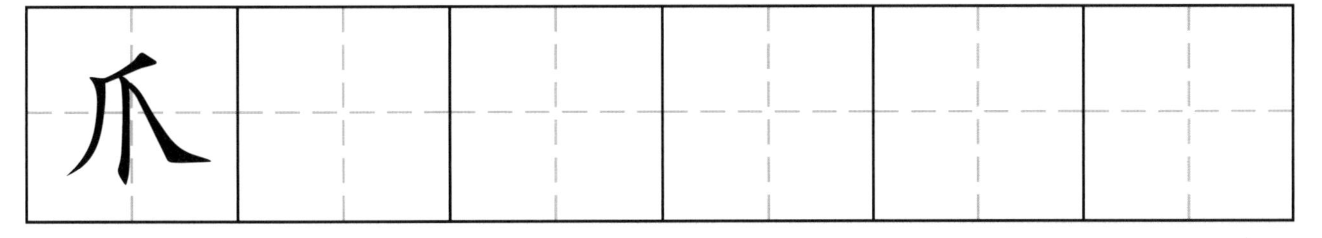

造句練習：

老虎有尖利的 ＿＿＿ 子。

筆順：　　　　八畫

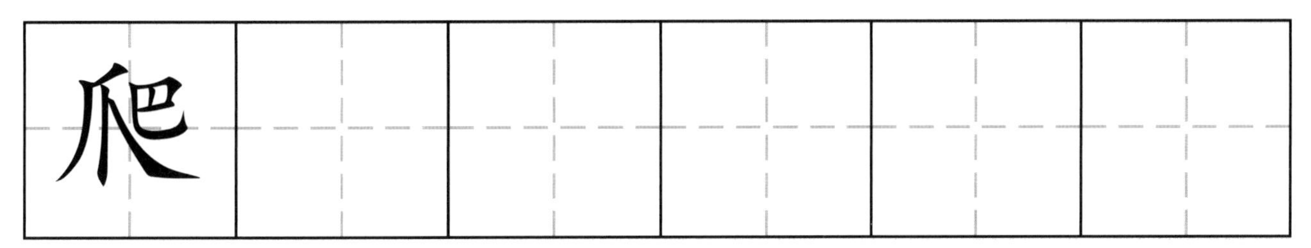

造句練習：

小龜慢慢地 ＿＿＿ 行。

筆順：　　　　八畫

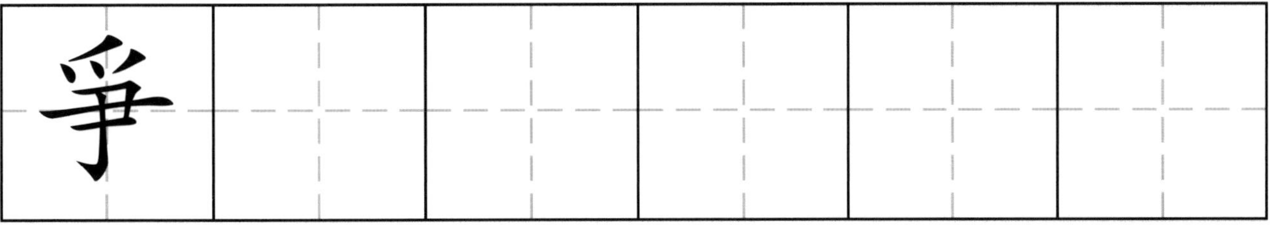

造句練習：

哥哥努力練習踢足球，＿＿＿ 取好成績。

有趣的漢字：欠

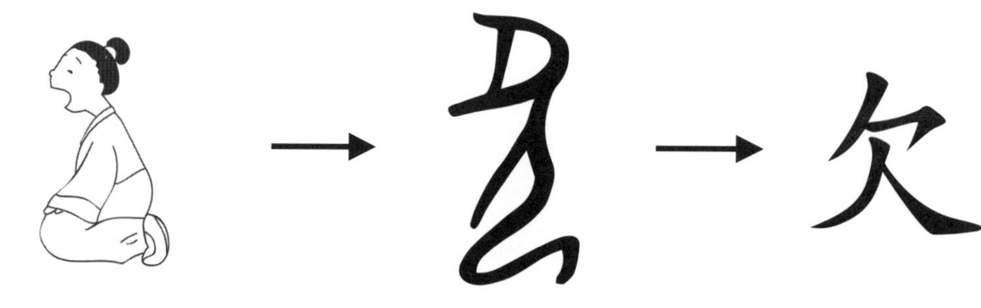

把相配的圖和字用線連起來。

1.

• • a. 欣賞

2.

• • b. 唱歌

3.

• • c. 打呵欠

答案：1.c；2.b；3.a

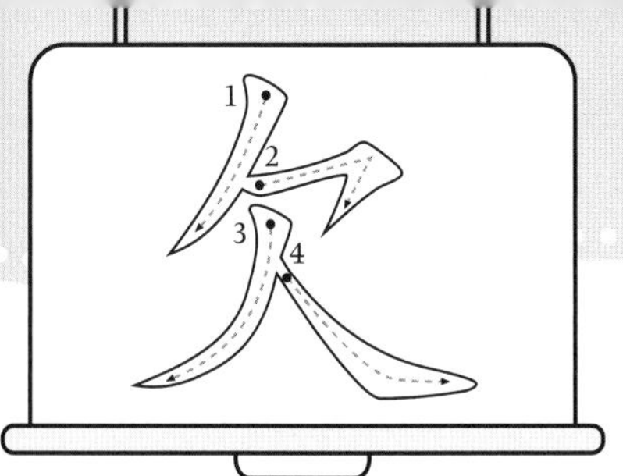

欠字旁

筆順：丶 冫 冫 冫 次 次 次　　六畫

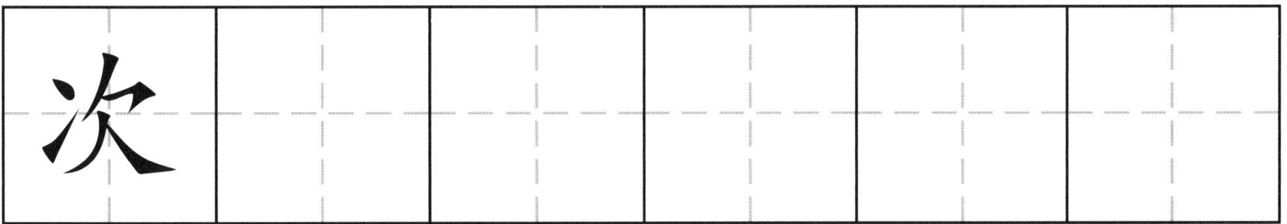

造句練習：

這是我第一 ____ 參加賽跑。

筆順：一 ｢ ｢ ｢ 可 可 哥 哥 哥 哥 哥 哥 歌 歌　　十四畫

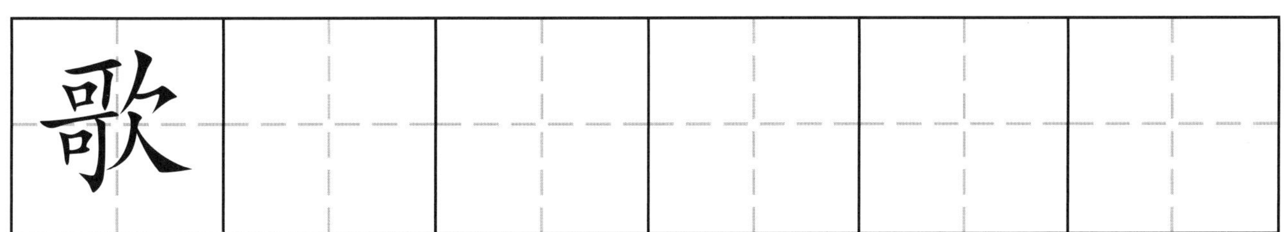

造句練習：

姊姊最愛彈琴和唱 ____ 。

筆順：　二十二畫

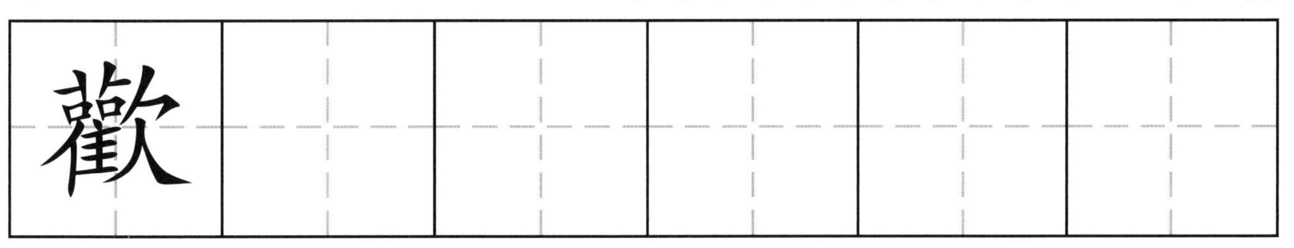

造句練習：

我喜 ____ 踏單車。

有趣的漢字：止

看圖猜字——把相配的文字演變用線連起來。

例：

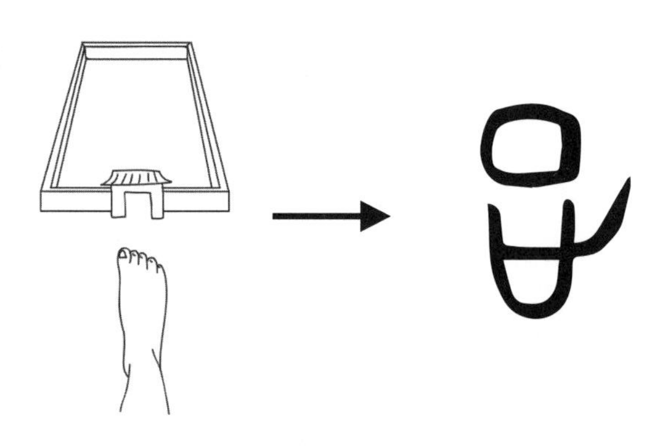

1.

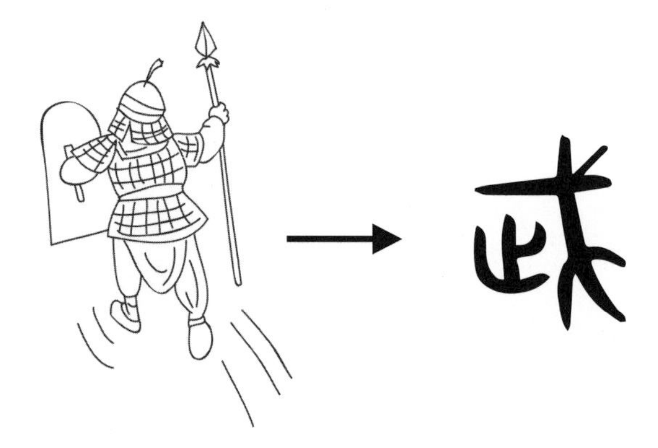

2.

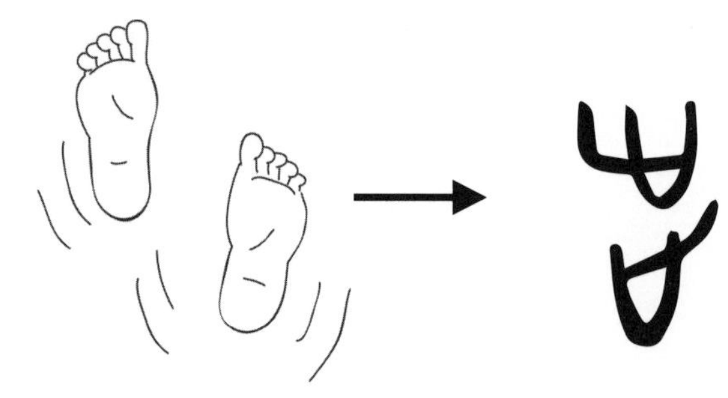

• a. 武

• b. 步

• c. 正

答案：1. a；2. b

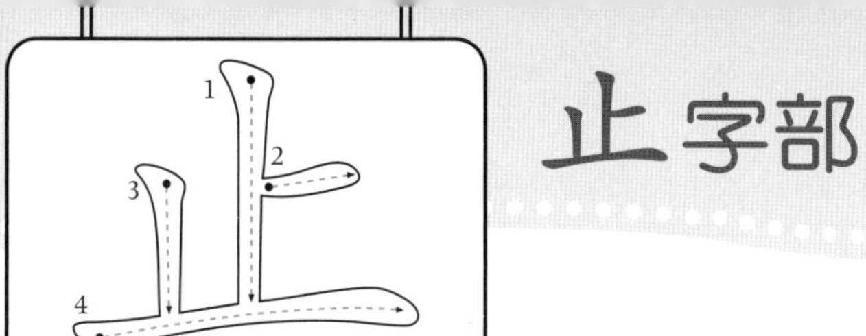

止字部

筆順：一 丅 下 正 正　五畫

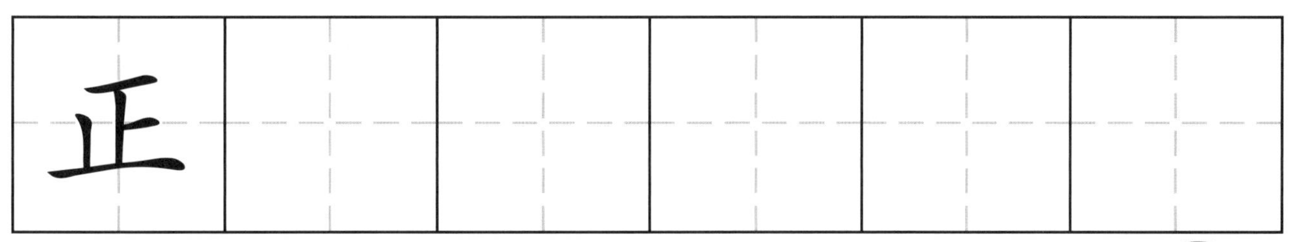

造句練習：

寫字的姿勢要端 ____ 。

筆順：丨 ⺊ 屮 止 止 步 步　七畫

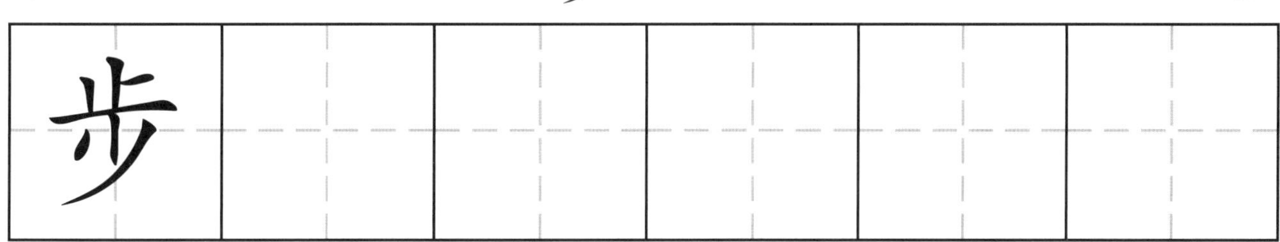

造句練習：

我每天 ____ 行上學。

筆順：丨 ⺊ 屮 止 屮 产 产 岸 岸 岸 歲 歲 歲　十三畫

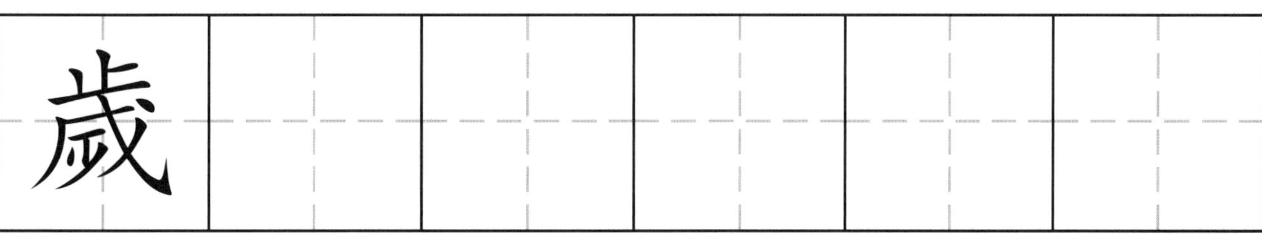

造句練習：

我今年六 ____ 。

有趣的漢字：牛

「牛」字作偏旁時，一般寫成「牜」。

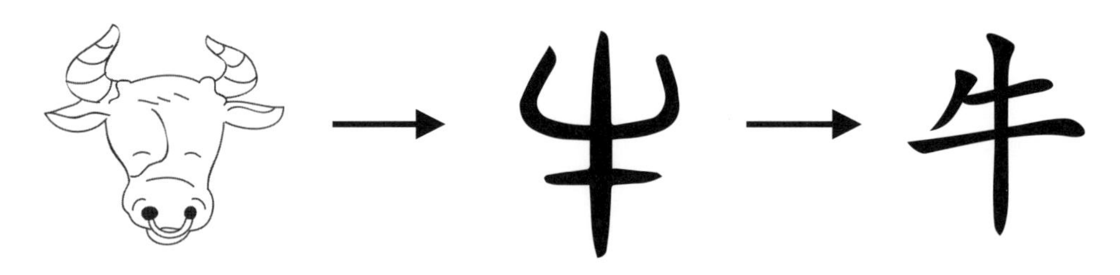

把部首是**牛**的字填上黃色。

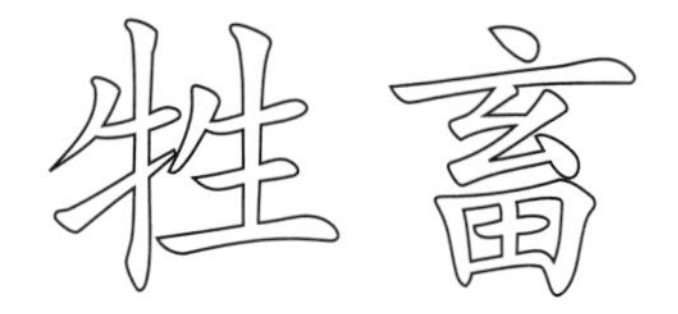

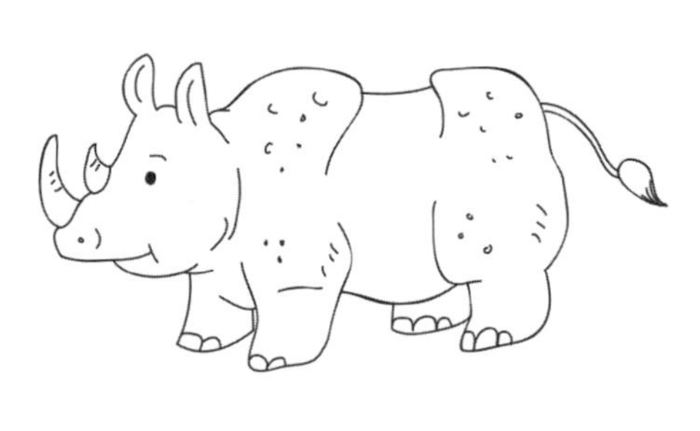

答案：牧、物、牲、犀牛

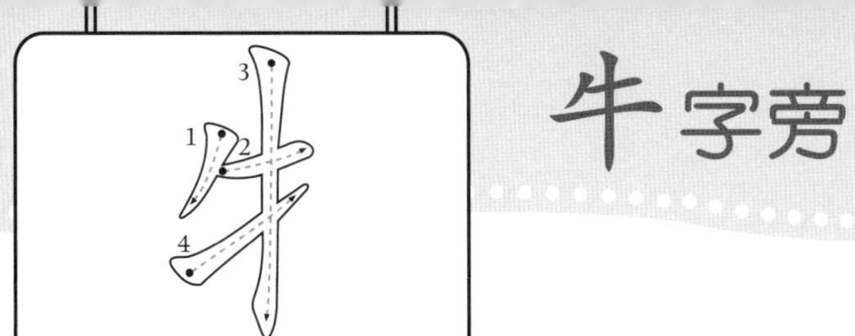

牛字旁

筆順：丿 𠂉 ㇐ 牛 牜 牜 牧 牧　　八畫

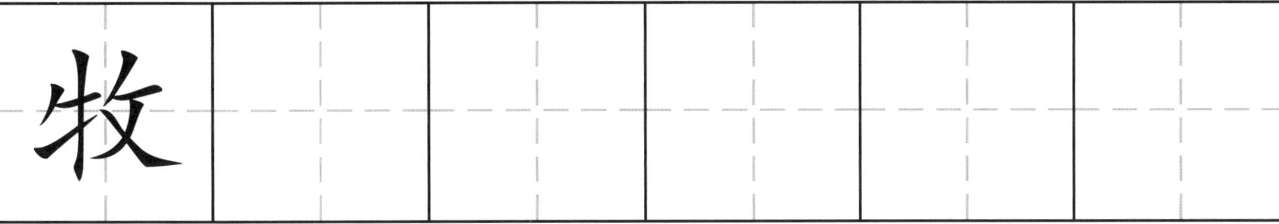

造句練習：

____ 童把羊趕到山上吃草。

筆順：丿 𠂉 ㇐ 牛 牜 牞 物 物　　八畫

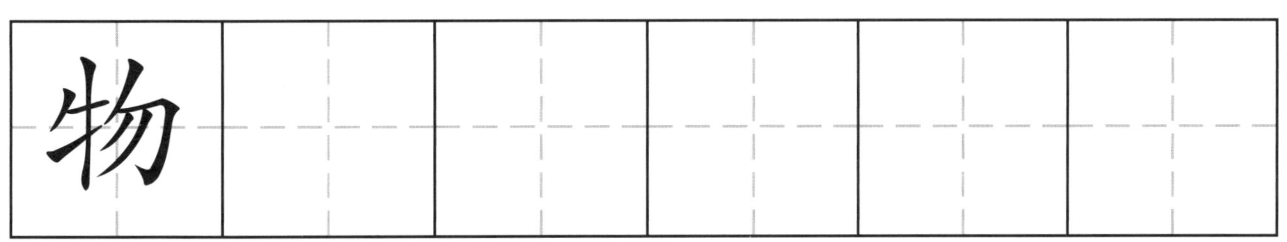

造句練習：

我們參觀動 ____ 園。

筆順：丿 𠂉 ㇐ 牛 牜 牜 牪 特 特 特　　十畫

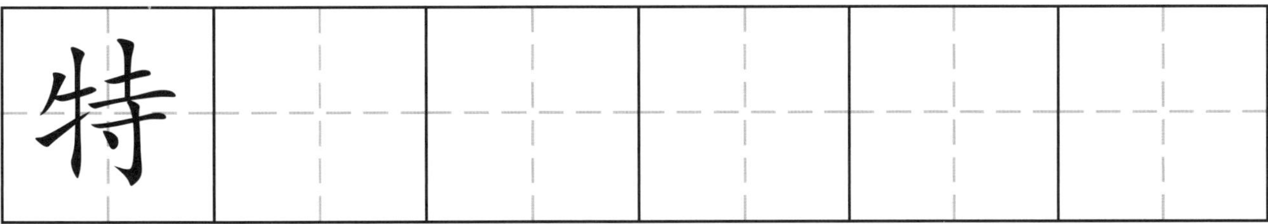

造句練習：

姊姊 ____ 別喜歡看書。

有趣的漢字：矢

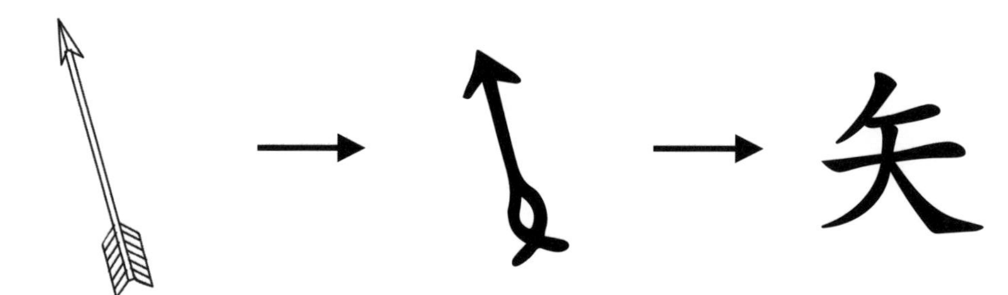

相反詞配對。

1.

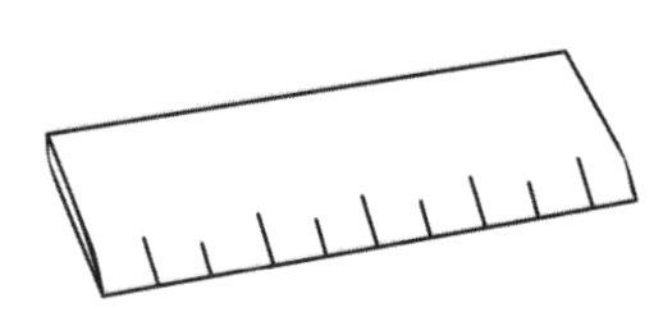

2.

短 •   矮 •

• a. 高   • b. 長

答案：1.b；2.a

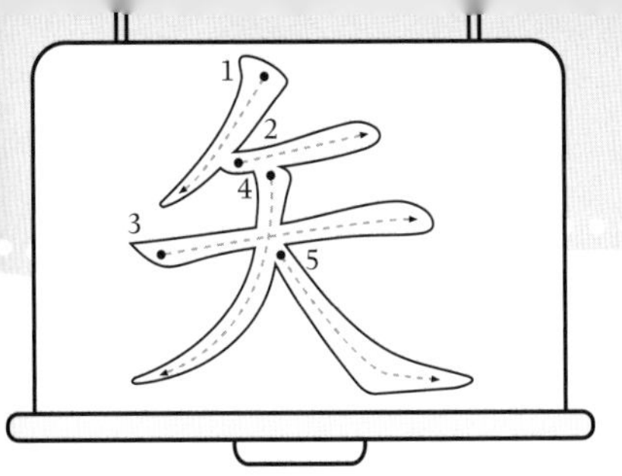
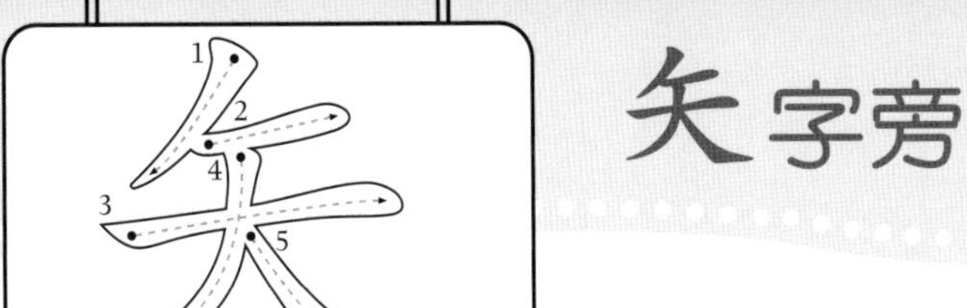

矢字旁

筆順：丿 𠂉 ⺧ 𠂒 矢 矢 知 知　　八畫

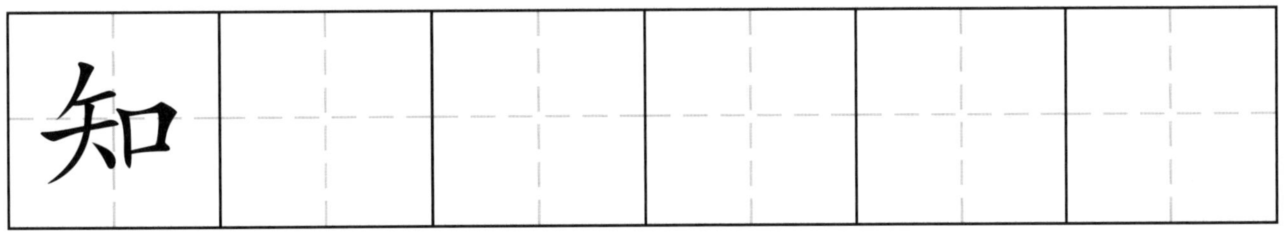

造句練習：

你 ＿＿＿ 道一星期有多少天嗎？

筆順：丿 𠂉 ⺧ 𠂒 矢 矢 矢 知 知 知 短 短　　十二畫

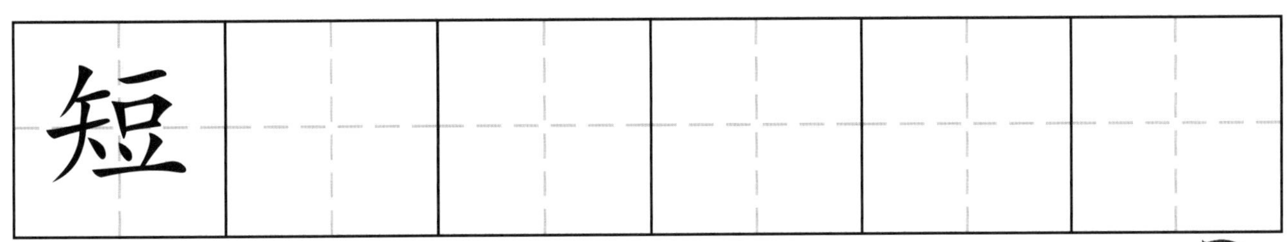

造句練習：

這是一雙 ＿＿＿ 襪子。

筆順：丿 𠂉 ⺧ 𠂒 矢 矢 矢 矢 矢 矮 矮 矮 矮　　十三畫

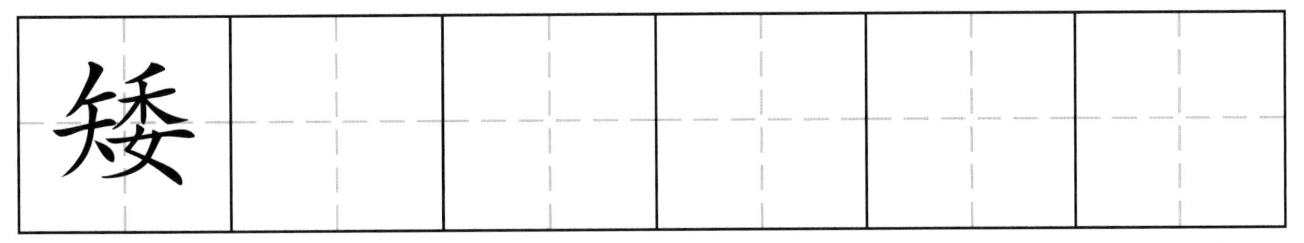

造句練習：

我長得比小強 ＿＿＿ 。

部首：羊（⺶）

有趣的漢字：羊

「羊」字作頂部時，一般寫成「⺶」。

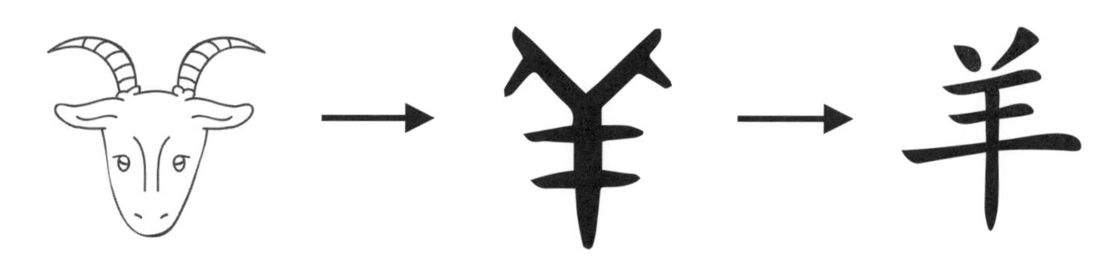

把部首是羊的字圈起來。

答案：美、善、羞、羣

羊字部

筆順：　九畫

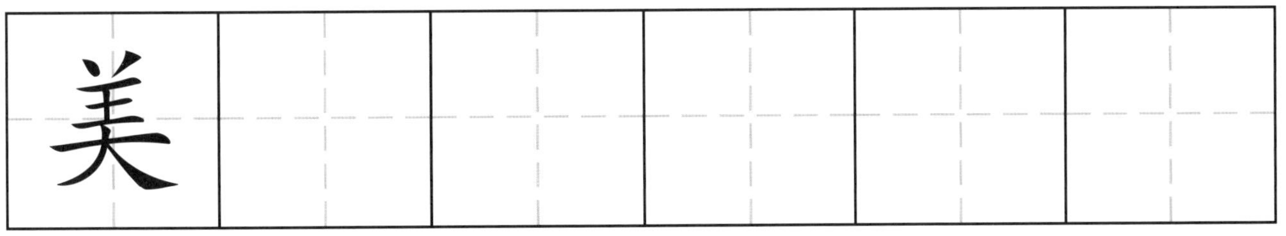

造句練習：

我喜歡 ____ 麗的花兒。

筆順：　十二畫

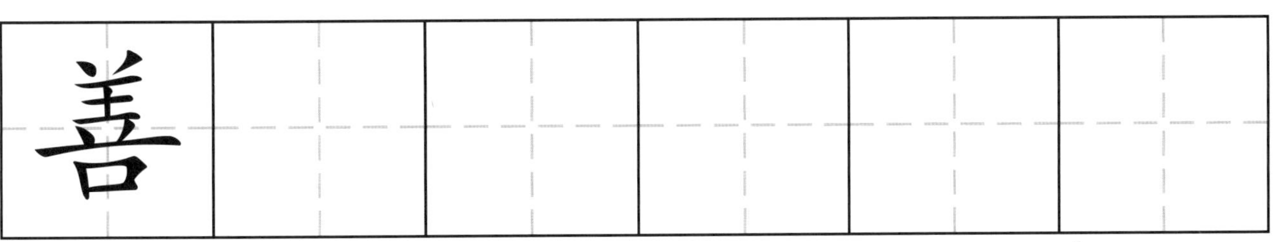

造句練習：

她心地 ____ 良，常常幫助人。

筆順：　十三畫

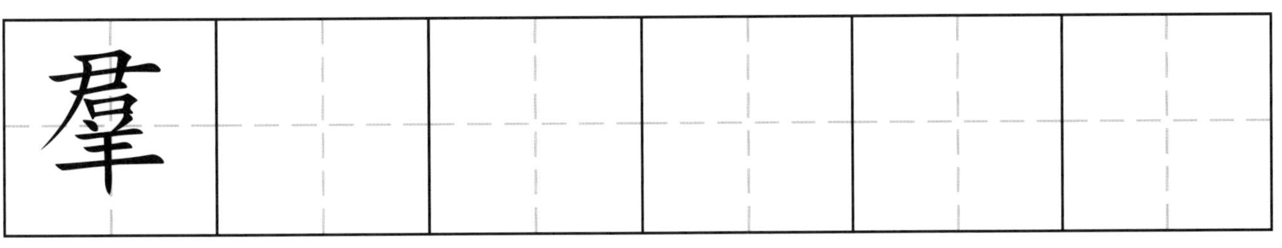

造句練習：

羊 ____ 在吃草。

部首：臼（臼）　粵音：扣

有趣的漢字：臼

「臼」字的另一寫法是「臼」。

在適當的位置填上部首臼。

1.

贈 ⿱与八

2.

高 ⿱同八

3.

⿱⿱与八手 手

4.

萑 衣

答案：1.與；2.興；3.舉；4.舊

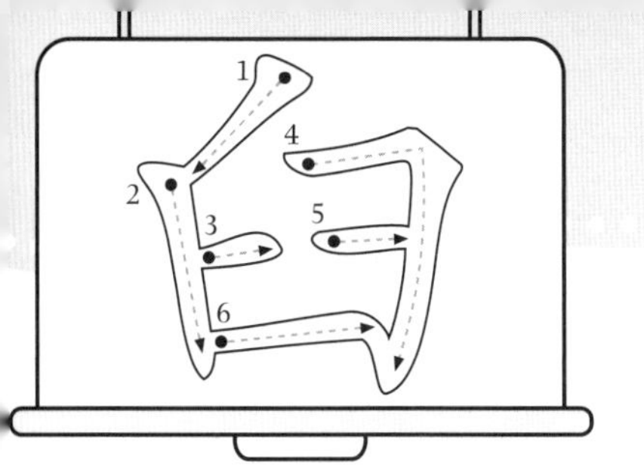

臼字部

筆順：丿 丨 𠂉 臼 臼 臼　六畫

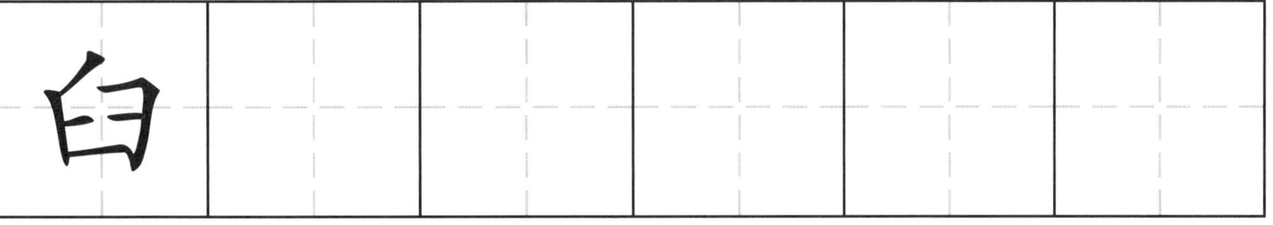

造句練習：

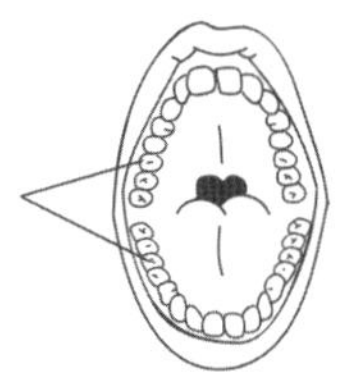

牙齒可分為門齒、犬齒和 ＿＿＿ 齒。

筆順：　十六畫

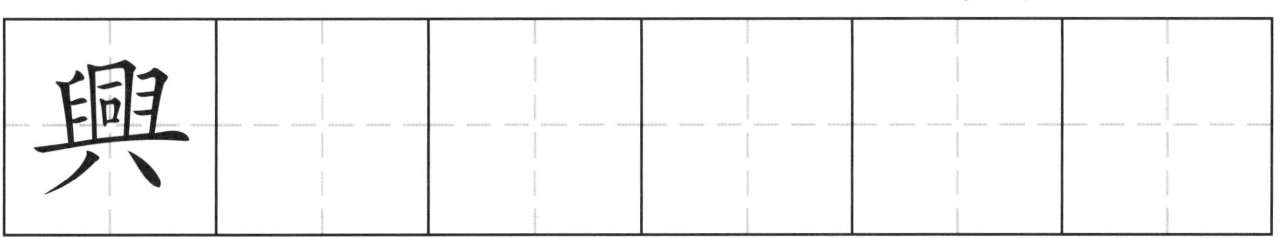

造句練習：

新年來了，我們很高 ＿＿＿ 。

筆順：　十三畫

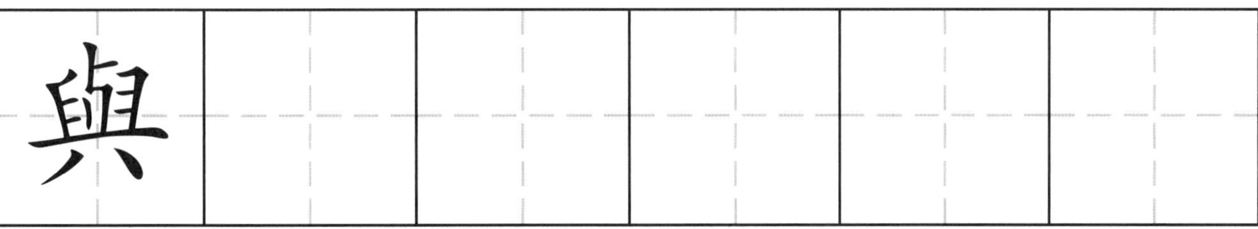

造句練習：

我和爸媽參 ＿＿＿ 植樹活動。

部首：舟

有趣的漢字：舟

在適當的位置填上部首舟。

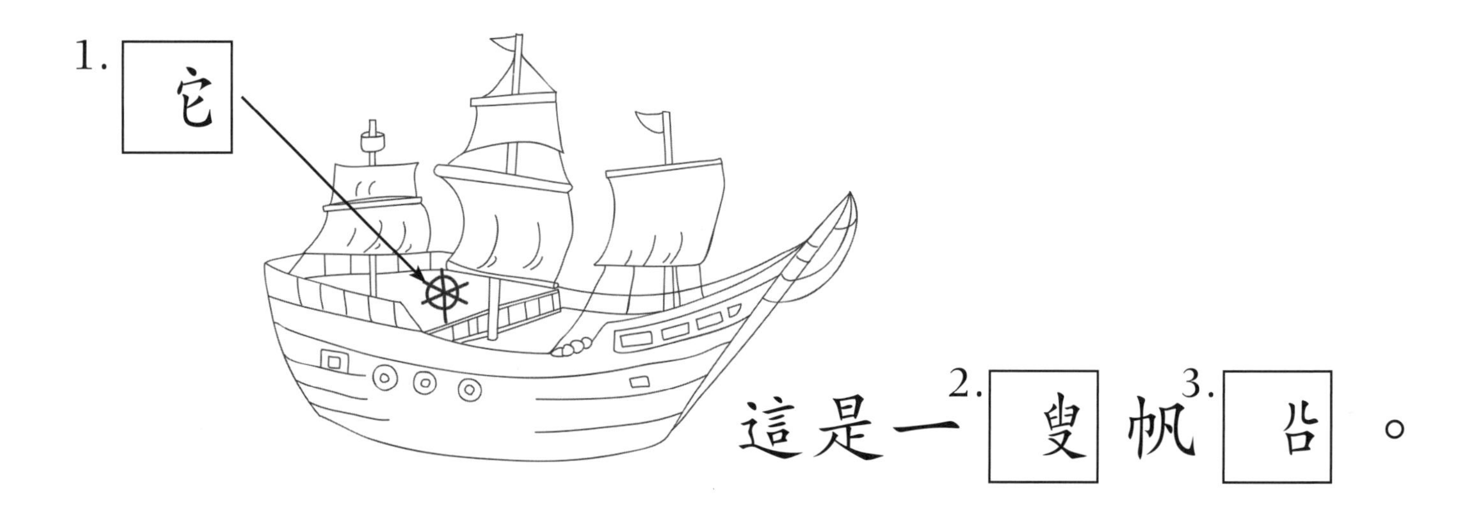

船在海上 6. 亢 行。

答案：1. 舵、2. 艘、3. 船、4. 艙、5. 艇、6. 航

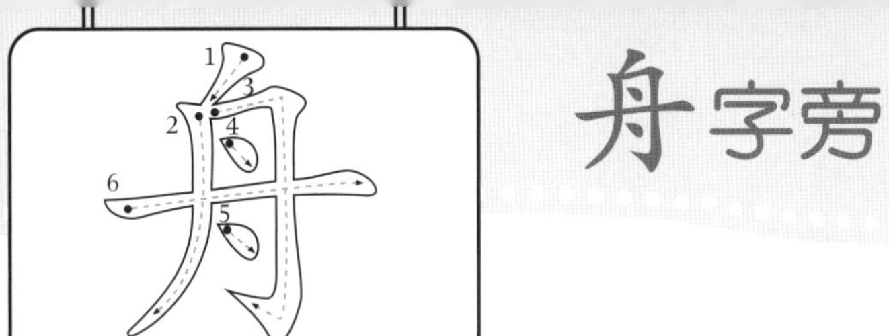

舟字旁

筆順：丿 丿 月 月 月 舟　　六畫

造句練習：

哥哥參加獨木 ____ 訓練班。

筆順：舟 舟 舟 航　　十畫

造句練習：

船在海上 ____ 行。

筆順：舟 舟 舟 船 船　　十一畫

造句練習：

我們坐 ____ 到離島。

部首：行

有趣的漢字：行

分辨部首——把下列各字連線至所屬的部首。

1. 術
2. 往
3. 街
4. 很

行

彳

5. 衛
6. 後
7. 衝
8. 得

答案：行：1、3、5、7；彳：2、4、6、8

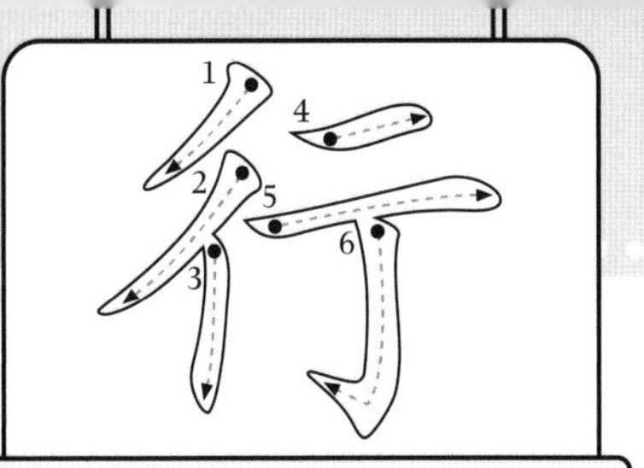

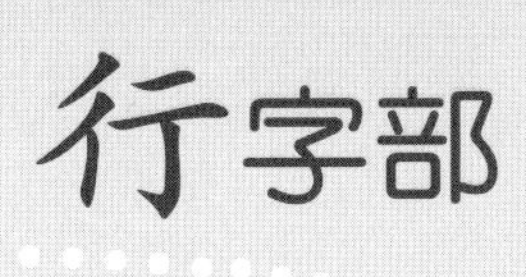

筆順：丿 彳 彳 彳 行 行　六畫

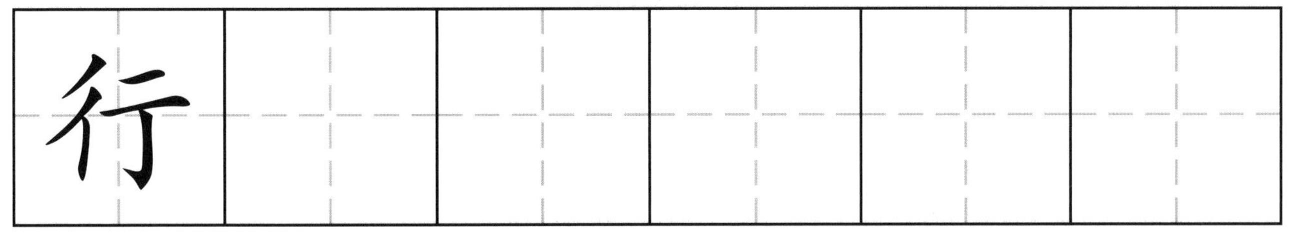

造句練習：

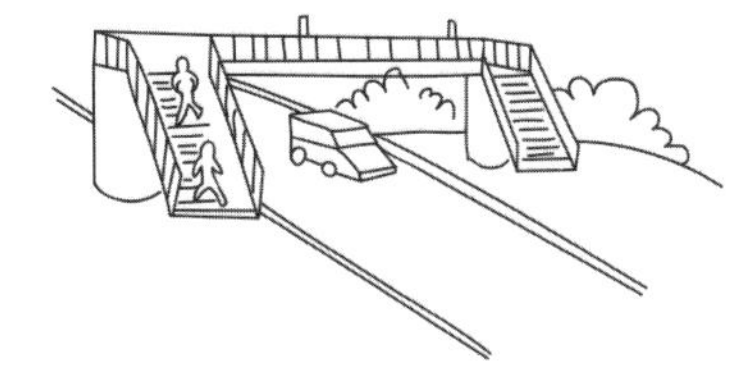

我使用 ____ 人天橋過馬路。

筆順：丿 彳 彳 彳 彳 往 往 往 往 往 往 街　十二畫

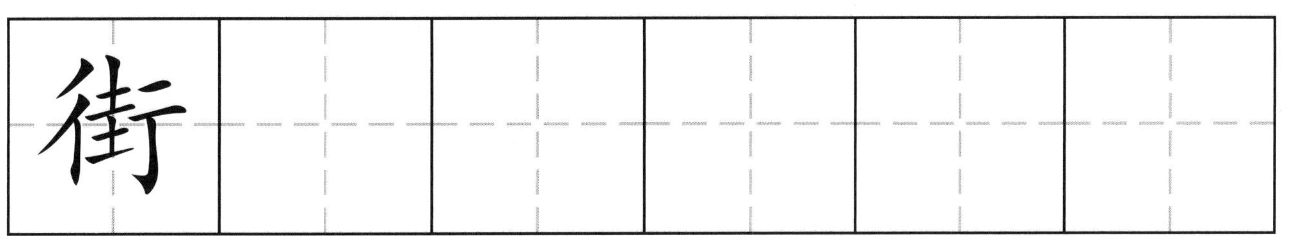

造句練習：

____ 道上人來人往。

筆順：丿 彳 彳 彳 彳 彳 彳 彳 彳 彳 彳 彳 彳 彳 彳 衞　十六畫

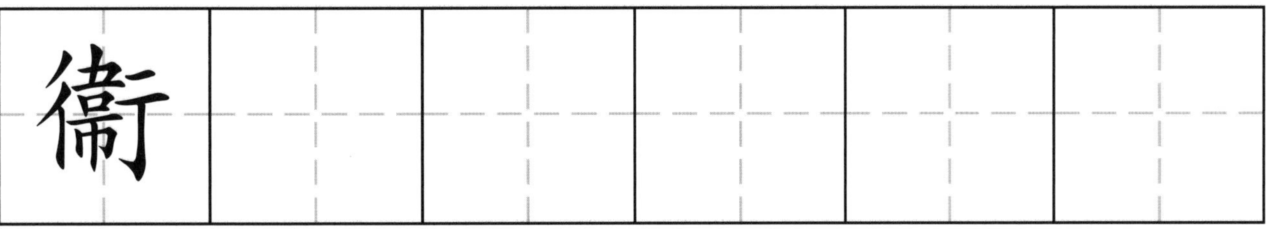

造句練習：

我們要養成良好的 ____ 生習慣。

部首：見

有趣的漢字：見

圈出部首是見的字。

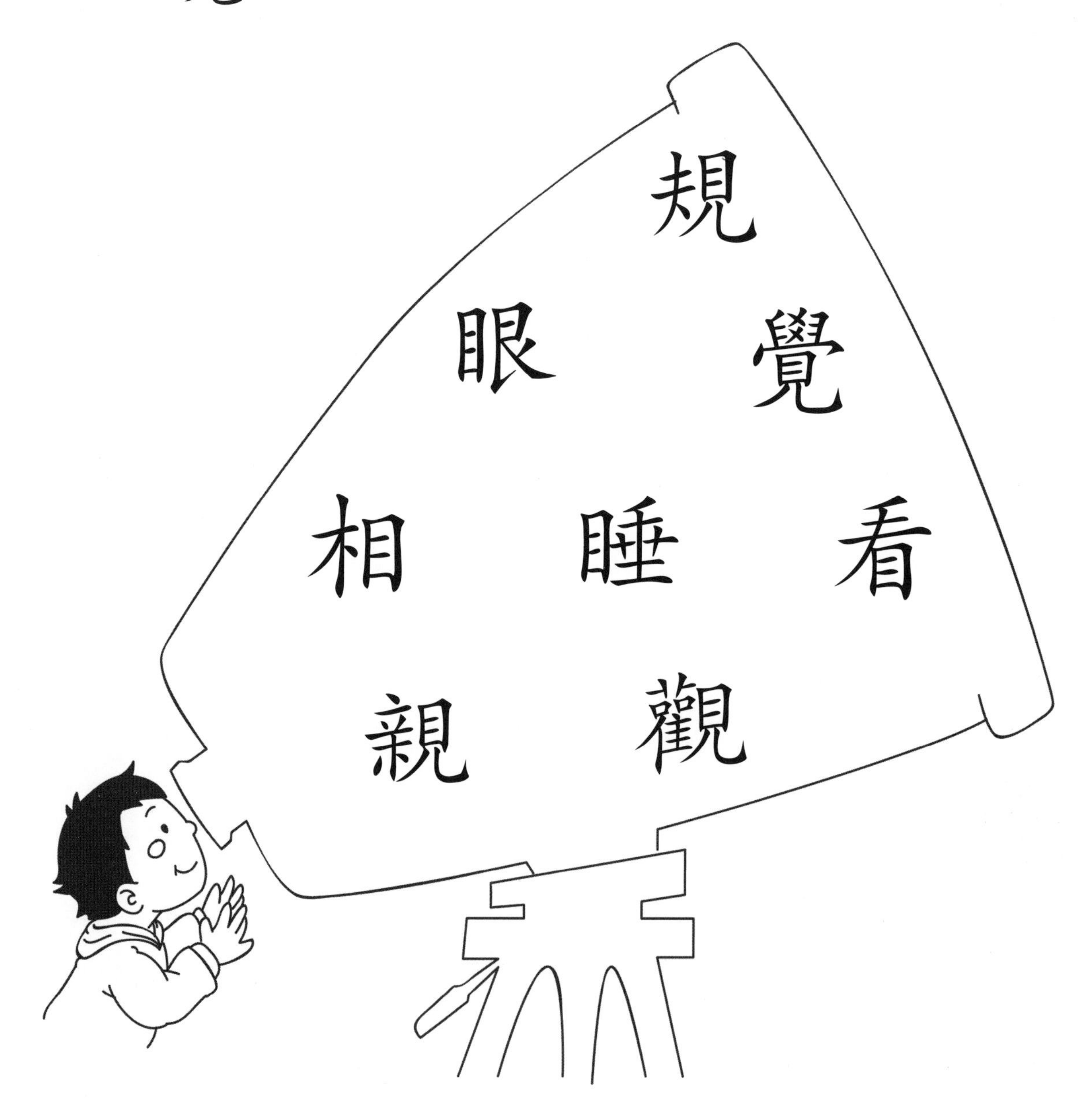

答案：規、覺、觀、親

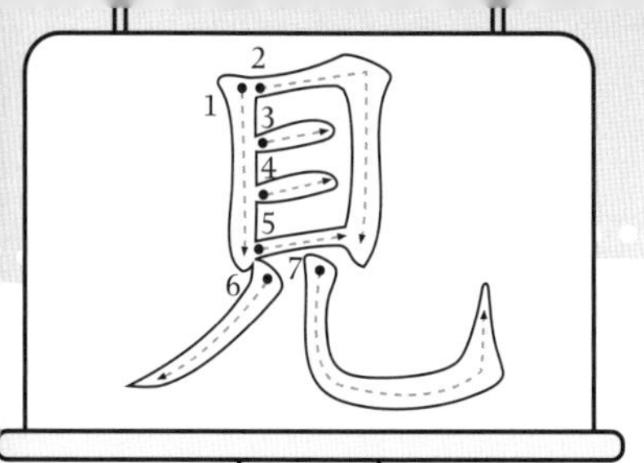

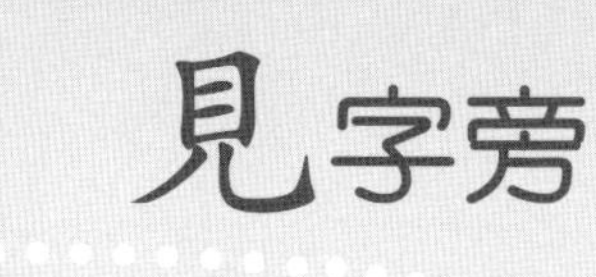

筆順：　　七畫

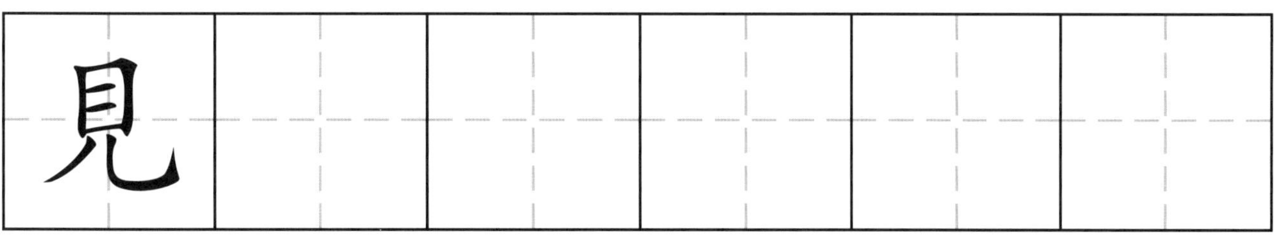

造句練習：

我看 ____ 一隻小白兔。

筆順：　　十六畫

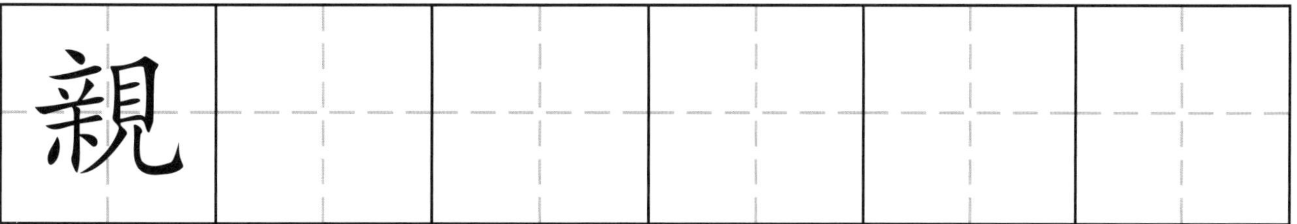

造句練習：

學校舉行「 ____ 子閱讀」活動。

筆順：　　二十五畫

觀

造句練習：

爸媽帶我去參 ____ 太空館。

部首：馬

有趣的漢字：馬

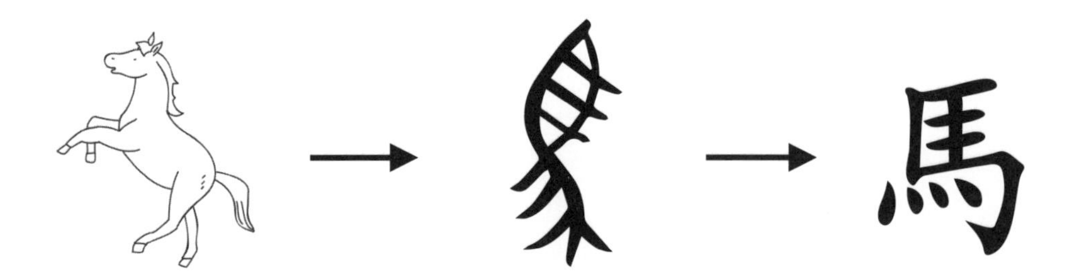

把屬於部首馬的字或詞語與(馬)連起來。

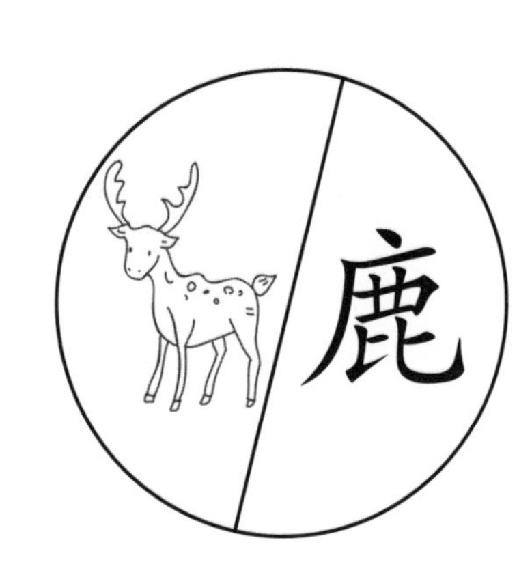

答案：騎、驢、駱駝、騾

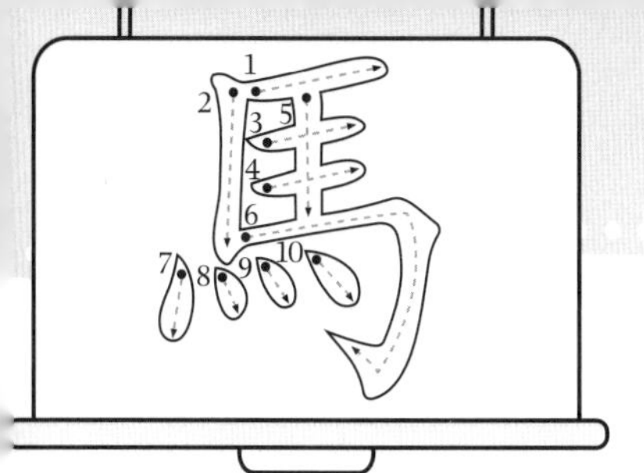

馬字部

筆順：一 厂 F 戶 戶 馬 馬 馬 馬 馬　　十畫

馬

造句練習：

_____ 兒跑得快。

筆順：フ 力 加 加 加 駕　　十五畫

駕

造句練習：

我的叔叔會 _____ 駛小型飛機。

筆順：馬 馬 馬 馬 馬 騎 騎 騎　　十八畫

騎

造句練習：

哥哥喜歡 _____ 馬。

部首複習一

請根據圖意填上正確的部首。

（皿、户、斤、舟、馬、山）。

1.  

分

2. 

㕣

3. 

羽

4. 

奇

5. 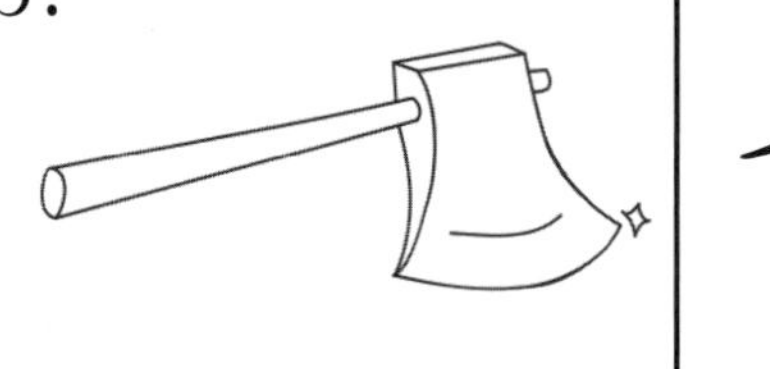

父

6.

鳥

答案：1.盆；2.船；3.扇；4.騎；5.斧；6.島

部首複習二

請根據圖意填上正確的部首。
（羽、邑、車、欠、牛、行）。

1.

2.
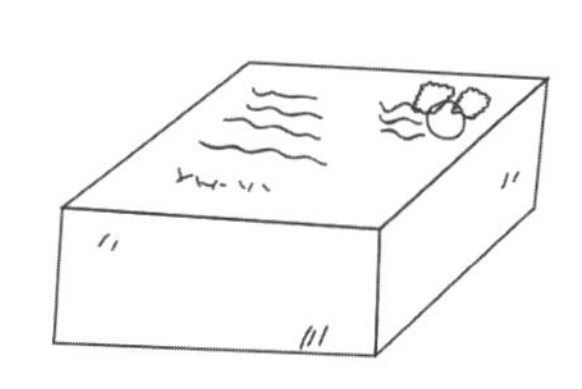
垂

3.

專

4.

哥

5.

攵

6.

圭

答案：1.翅；2.郵；3.轉；4.歌；5.牧；6.街

• 升級版 •

愉快學寫字 ⑫

寫字和識字：部首、偏旁

策　　劃：嚴吳嬋霞
編　　寫：方楚卿
增　　訂：甄艷慈
繪　　圖：何宙樺
責任編輯：甄艷慈、周詩韵
美術設計：何宙樺
出　　版：新雅文化事業有限公司
　　　　　香港英皇道 499 號北角工業大廈 18 樓
　　　　　電話：(852) 2138 7998
　　　　　傳真：(852) 2597 4003
　　　　　網址：http://www.sunya.com.hk
　　　　　電郵：marketing@sunya.com.hk
發　　行：香港聯合書刊物流有限公司
　　　　　香港荃灣德士古道 220-248 號荃灣工業中心 16 樓
　　　　　電話：(852) 2150 2100
　　　　　傳真：(852) 2407 3062
　　　　　電郵：info@suplogistics.com.hk
印　　刷：中華商務彩色印刷有限公司
　　　　　香港新界大埔汀麗路 36 號
版　　次：二〇一五年六月初版
　　　　　二〇二三年五月第十次印刷

ISBN: 978-962-08-6303-5

18/F, North Point Industrial Building, 499 King's Road, Hong Kong
Published in Hong Kong SAR, China
Printed in China